美女是怎样炼成的

优雅的女人最幸福

李丹丹　李姗姗　编著

民主与建设出版社
·北京·

© 民主与建设出版社，2020

图书在版编目（ＣＩＰ）数据

优雅的女人最幸福 / 李丹丹，李姗姗编著 . -- 北京：
民主与建设出版社，2020.4

（美女是怎样炼成的；1）

ISBN 978-7-5139-2858-8

Ⅰ . ①优… Ⅱ . ①李… ②李… Ⅲ . ①女性－修养－
通俗读物 Ⅳ . ① B825.5-49

中国版本图书馆 CIP 数据核字 (2020) 第 064382 号

优雅的女人最幸福
YOU YA DE NV REN ZUI XING FU

出 版 人	李声笑
编　　著	李丹丹　李姗姗
责任编辑	刘树民
封面设计	大华文苑
出版发行	民主与建设出版社有限责任公司
电　　话	（010）59417747　59419778
社　　址	北京市海淀区西三环中路 10 号望海楼 E 座 7 层
邮　　编	100142
印　　刷	三河市德利印刷有限公司
版　　次	2020 年 5 月第 1 版
印　　次	2020 年 5 月第 1 次印刷
开　　本	880 毫米 ×1230 毫米　　1/32
印　　张	5
字　　数	125 千字
书　　号	ISBN 978-7-5139-2858-8
定　　价	238.00 元（全 10 册）

注：如有印、装质量问题，请与出版社联系。

提起美女，我们的眼前就会出现容貌娇美、身材玲珑、笑容甜美的青春女子形象。她们就像春天的花朵，点缀着人生的美景；她们又像夏天的树荫，带给人们清凉和宁静；她们还像是秋天的果实，带给人们幸福和欢乐；她们更像冬天的暖阳，带给人们温馨和喜悦。

美女的一切都是令人愉悦的，她们柔美、温顺、恬静；她们漂亮、高贵、潇洒，她们是人间的天使，她们是万众的偶像。她们飘然前行于人们仰慕的目光里，她们优雅嬉戏于无限春光中。

她们中的很多人大把挥霍着自己的美貌和青春，却单单忘记了一件事，那就是韶华易老，青春易失，人生美好的年华只有短短的数年，待到岁月流逝，光华褪尽，一切都成为过眼烟云，她们只会留下人老珠黄的慨叹和无可奈何的哀鸣，以及被忙碌奔波生活磨光所有光彩的衰老躯体。

而另一种人，她们或许并不美丽，但却有独特的气质；不一定炫目，但一定让人感觉很舒服；她的智商不一非常高，但却有很高的情商，足以让她在生活、工作中游刃有余；她的生活中也有烦恼，但一定可以凭自己的智慧去化解。这样的一个女人，虽然没有过人的容貌，但却能凭借内在的气质，使美丽永驻。

修炼你的气质，沉淀你的内心，当气质美渗入你的骨髓，纵使岁月无情，你依然能凭着那份灵动、睿智、从容、淡定的气质成为最有魅力的那道风景。那么，女孩到底应该如何提升自己的气质，做个魅力美人呢？

　　本书就是专门为女孩准备的练就永恒美丽的智慧丛书，包括《生活需要仪式感》《优雅的女人最幸福》《动脑大于动感情》《气质女人的芬芳生活》《金刚芭比：做个又忙又美的女子》》《美女当自强》《做个性格完美的女孩》《做个灵魂有香气的女子》《生活需要你勇敢坚强》《把生活过成你想要的样子》10本。它从女孩的学习、工作、生活、习惯等细节入手，用优美的语言，生动的事例深入浅出地讲述了一个女孩应该如何通过修养自己，完善自己，最终使自己变成有内涵、有价值的魅力女性的人生道理，是一套值得每个女孩学习和收藏的珍品书籍。相信通过本套书的学习，一定会对大家迈向积极的人生之路起到极大的指导作用和推动作用。

目录

第一章
学会爱，超越爱

　　爱是一个生命对另一个生命或事物的珍重、眷顾和牵念，是对世界的怜惜和悲悯。爱也是一个女人终生追逐的梦想，获得爱情，享受爱情，才会使生命之树常青。

　　学会爱，超越爱，掌握生命的律动。为爱付出，让世界充满爱，使我们这个社会成为一个幸福的乐园！

女人的善良是人间爱的源泉

很多时候，女人用善良谱写了人间的赞歌。

有一位哲人问他的学生："对一个人来说，最需要拥有的是什么？"答案很多，哲人都摇头否定，但有一位学生的答案令他露出了笑容，那位同学答道："一颗善心！"哲学家说："在这'善心'两字中，包括了别人所说的一切东西。"

因为善良，女人成为可爱的使者、美丽的化身；因为善良，女人逢山开路，遇河架桥，成就许多大事业，办成许多男人办不成的事情；因为善良，女人使许多事情峰回路转、柳暗花明。下面两个故事中，女主人公正是用一颗善良的心为世界增添了无限的美好。

她是一个在深山里支教的女教师，一个善良的女人，年纪轻轻而且性格开朗、直爽。

她住在学校的办公室里，山里的条件很简陋，她的小屋要当作办公室、宿舍，还要当厨房。但她没有任何怨言，她认为这是锻炼自己的大好机会。她对工作非常认真，对学生也很好。学生也很喜欢这个多才多艺的老师。

有一天，她平静的生活被打乱了。她的钱包丢了，而这一天唯一进过她办公室的只有一个小女孩，一个学习成绩永远第一的女孩。在翻过了所有可能放钱包的地方后，她不得不怀疑这个小女孩。

　　她没有直接去询问小女孩，而是找其他老师了解了孩子的家境。她得到的答案是：这是一个苦难的家庭。父亲去世后，身患疾病的母亲独自承担了生活的艰辛，而不久前，这位母亲的病似乎重了些，而她们甚至没有买药的钱。

　　她去女孩家做了一次家访，给她们买了些生活用品，还给女孩的母亲买了药品。第二天，羞愧的小女孩找到了老师。女孩刚说了一句对不起，就让老师制止了。她说，我知道，那是我送你的礼物，但是，等你有一天有这个能力的时候，你一定要还给我。现在，让我们共同守住这个秘密。

　　后来，这个女孩考上了一所医学院，做了一名医生。她没有忘记自己的承诺，但是，老师已经调回了城里，多方寻找都没有结果，她也只能通过救人来报答自己的老师。

　　多年后，医生忽然接到了一个重病的女人，她是被路人看见后送过来的，是突发疾病。医院正在权衡是不是要给这个"一无所有"的女人治疗时，医生看见了病人滑落的钱包，那个钱包与当年自己"拿"的那个一模一样。打开钱包，医生泪流满面，钱包里的身份证赫然写着老师的名字！

　　医生毫不犹豫为病人承担了一切，让病人得到了最好的治疗，使其很快康复。

另外一个故事：

有一个女孩，有一天她正在街头行走时，被一个抱孩子的妇人叫住，那妇人说去买点东西，一会就回来，让她抱一会孩子，可妇人走后却再也没有回来。

孩子抱回家后，女孩才发现孩子似乎健康有问题。到医院检查后，医生说：孩子是先天性心脏病，要5万块钱的手术费。

她在想，我该怎样渡过难关呢？我是不是该放弃我的坚持呢？我该去哪里给捡来的小孩子筹集五万块钱的手术费呢？可是，她找不到答案，除了这样漫无目的地行走，她不知道怎样解决这些棘手的问题。

第二天，她去找她的好朋友倾吐心事，或许她能给她出个主意。

她到朋友那里的时候，朋友正在给一位老人画像，这是一个很奇怪的老头，看上去和乞丐差不多，满脸的皱纹、污垢，让人不敢看第二眼。姑娘想：为什么贫穷总是这样折磨人的梦想！既然手中的钱还不足以给孩子做手术，那我想办法先解决这个老人的吃饭问题吧！

就这样，善良的女孩把手伸进了自己的口袋，紧紧攥住了口袋里刚发的那点可怜的工资，犹豫了一会儿，她把工资袋给了这个老人。做完这件事之后，她甚至觉得自己有点伟大！虽然没有足够的钱给孩子做手术，但自己可以把孩子交给有关部门。

没有想到的是，第二天，她的朋友跑来告诉她，说她撞了好运。朋友说："昨天那个老头其实是个亿万富翁，昨天他只是想知道，自己如果是乞丐会怎么样，老人只是体验生活。结果被你碰上了，他决定培养你，因为他认为你是善良而富同情心的人。他说，孩子他会收养，同时邀请你去他的公司工作。"

善良是女人最基本的品德。就是这最平常的东西，却经常可以打开一扇通往幸福的门。山村女教师和可爱的女孩是幸运的，虽然这两个故事有着一定的偶然性，但从中依然可以看见善良的力量。女人用善良谱写了爱的赞歌，也因为善良而受益无穷。

善良的女人即使外表不漂亮、不引人注目，但她的一举一动却显示出内心的丰富与深厚。

如果某天，医生对你说，你的生命只有 3 天，你会在这 3 天里做什么？

自私的女人说："我会去享受生活，花光所有的钱，好好打扮自己。"

小资的女人说："我会好好旅游，去看看海，去爬爬山。"

善良的女人则会这样说："我会像什么也没发生一样，好好陪着我的亲人走完生命最后的路。"

优秀的女人必须是善良的。之所以把善良看得如此重要，是因为善良是这个世界上最美好的情操，是人类先天存在的唯一崇高的根基，人之初，性本善。有人说善良的女人能像明矾一样，使世界变得澄清。女人的善良是人类温情的源泉。

在这个社会上生存，尤其是在这个充满竞争的社会中生存，很多女人都在想方设法出人头地，但是，在前行的时候，一定不要忘了人性当中最美好的东西：善良。

做女人不能少了女人味

所谓女人味，指的是一种人格、一种文化修养、一种品位、一种美好情趣的外在表现，表现在年轻女人的身上，就演绎成一种风情。简而言之，女人的味道就是女人的神韵和风采。

有味道的女人，三分漂亮可增加到七分；没味道的女人，七分漂亮可降低到三分。没味道的女人，即使她有着如花的脸蛋、傲人的身材，但只要她一开口便足以暴露出她贫瘠的内心和空荡荡的精神。因此说，漂亮并不代表女人味。

有些年轻的女人，把"弱"看作"美"的化身，把林妹妹式的病态、愁态、苦态理解为女人味。这种女人总是多愁善感，好像人生是一场灾难，尽管上帝普度众生，却无法把她引出苦海。

这类女人似乎与生俱来的就只有悲愁和哀怨，没有欢乐和喜悦。男人若是迷上这样的女孩，难免会步入一个郁郁寡欢、凄恻悲哀的痛苦世界。

遗憾的是，有些年轻的女人已经有一些女人味了，可她偏偏又那样的高傲和自我，掩盖了自己的女人味。这种女人绝对相信自我，相信芸芸众生中的这个"自我"只能有一个，不能有两个。

她固执地认为，"自我"是男人心中唯一的"最可爱的人"。因为这种盲目而主观的高傲，便目空一切，纵然人胜于己，仍不以为然。

或妒意横生，或寻人短处、揭人隐私、恣意诽谤，甚至不择手段。她们总是以自己为圆心，要他人绕着"自我"画圆，似乎别人都要为她生、为她死，是与非、好与坏完全要以她的意志为转移。她刚愎自用、一意孤行，从不尊重他人。这种女人有再多的女人味，也等于没有。

林清玄说过："这个世界一切的表象都不是独立自存的，一定有它深刻的内在意义。"那么，改变表象最好的方法，不是仅在表象下功夫，一定要从内在改革……化妆只是最末的一个枝节，它能改变的事实很少。

深一层的化妆是改变体质，让一个人改变生活方式，睡眠充足，比化妆有效得多；再深一层的化妆是改变气质，多读书，多欣赏艺术，多思考，对生活乐观，对生命有信心，心地善良、关心别人、自爱而有尊严，这样的人就是不化妆也让人乐于亲近。

脸上的化妆只是化妆最后的一件小事。简单而言，三流的化妆是脸上的化妆，二流的化妆是精神的化妆，一流的化妆是生命的化妆。

也就是说，做女人一定要有女人味，别具风味的女人才能吸引众人的目光，尤其是来自异性赞赏的目光。最有资格评价女人的是男人，那么，在男人眼中，到底什么才是女人味呢？

首先是矜持。不管你是白领还是蓝领，也不管你待字闺中还是初为人妻，作为女人，永远不要大大咧咧、风风火火。要记住，凡事有度，矜持永远是女人的最高品位。

其次是智慧。外表漂亮的女人不一定有味，有味的女人却一定很美。因为她懂得"万绿丛中一点红，动人春色不需多"的规则，具有以少胜多的智慧；她懂得凭借一举一动、一言一语、一颦一笑的优势，尽现自己的至善至美。

再次是有度。再名贵的菜，它本身是没有味道的。譬如"石斑"和"鳜鱼"，虽然很名贵，但在烹调的时候必须佐以葱姜才能出味。女人也是这样，妆要淡妆，话要少说，笑要微笑，爱要执着。无论在什么样的场合，都要好好地"烹饪"自己，使自己秀色可餐。

还有就是要有品位。前卫不是女人味，切不要以为穿上件古怪的服装就有味了。当然这也是味，但却是"怪味"。

最后是要有情调。年轻的女人不一定很有钱，但有钱的年轻的女人不一定有女人味。这样的女人铜臭有余而情调不足，情调不足就索然无味。

女人味，如果叫你真正说说其内涵，大多又很难说清楚。很多男人认为，一个充满女人味的女人至少要有以下六大特征：

一是举止斯文，声音悦耳，说话节奏不快也不慢。

二是善良，有一点点不做作的天真。

三独立自主，保持本色，独具个性。

四是善解人意，不强人所难，与人为善，有理也让人三分。

五是穿着得体，不传统守旧也不夸张，但绝对干净清爽。

六是大方，但不张扬，让人乐意与她相处或共事。

说到底，女人味其实就是男性眼里的女人形象，因此，谈论女人味，其实就是站在男人的角度上看女人。总的来说，女人味，代表着男性对女性的评价和希冀。因此，年轻的女人开始拿女人味做品牌，就会使自己魅力永存。

缘分这东西，说来就会来

不知道从哪一天开始，"缘分"这个词，已在人们的嘴里司空见惯。有情人终成眷属，人们归之于缘分；相爱的人最终劳燕分飞，各自西东，人们也将它归之于缘分。

在该成家的年龄里，顺顺利利地结了婚的，是缘分，缘分到了，自然水到渠成；众里寻他千百度，依然寻不到有情人的踪影，三十好几了，依然待字闺中，人们也称作是缘分，这是命里无缘，或者缘分未到……

缘分是什么，在大多数时候，人们都将它归之于天意，认为这个世间，一切的缘分，都是冥冥之中自有天意。其实，人生的缘分、爱情的缘分，最终还是掌握在自己的手里。

爱情是有技巧和方法的。就算你无法全部掌握这些技巧和方法，即使你略知一二，在爱情的道路上，也会比懵懵懂懂走得更加顺畅。

当你面临一位异性的初次邀约时，不论你是否喜欢对方，都要表现得理智、冷静，而不要像一个未见过世面的小女孩那样不知所措。

如果你不喜欢对方，或者你虽然喜欢他，但不愿初次就爽快地赴约，那么，你可以态度温和地加以拒绝，不要过于坚决，也不要过于高傲，因为这样很容易把对方吓跑。在拒绝的时候，说话的语气要尽可能地婉转，例如，你可以这么回答对方：

"对不起，我今天有点累了，改天好吗？"或者"我今天有些不舒服，你看另外找个时间，怎么样？"

如果对方在邀约你之后，你非常高兴，而且也很愿意赴约，但是，你却不喜欢对方为约会安排的那些节目。在这种情况下，有两种策略，一是你宽容大度地退一步，容忍对方的安排，并努力让自己玩得很尽兴。二是直接告诉对方，说你不太喜欢他的安排，但是，你如果要采取这种表达方式，就必须要想好其他约会节目安排，并能够提出你的建议。例如，对方请你一起去唱歌，但是你不喜欢唱歌，于是，你可以这么说：

"我这几天嗓子不太好，能换个节目吗，今晚有一场很好的电影……"或者"我听说有一场球赛，你不是很喜欢足球吗？我陪你去看好了。"或者"好久没运动了，我们一起去游泳吧"等等。

这样，你不但能委婉地推辞掉自己不喜欢的活动，而且还表现得你温柔大方，又善解人意。这样的女人，是很难让男人有抵御能力的。

但是，你提出的这些约会的活动建议，一定要考虑到费用，与对方邀约你时准备的费用，应该相差无几。如果对方请你先吃饭再看电影，计划的费用是一百块钱左右，但是你不想看电影，提出在吃饭之后去酒吧，那么吃饭和去酒吧的费用，总共也要控制在一百元左右才好。

少一些无所谓，对方会认为你是一个节制的能为他人着想的女人，可能会因此对你更有好感，但是，如果多得太离谱了，即使对方不是一个爱财的男人，也可能会认为你是个一向花钱大手大脚，难以应付的女人。

如果是初次约会，最好避免在深夜以及幽静的地方与对方单独见面，而且在见面时，要尽量保持适当距离。

约会不宜过分拘谨，但也不宜过分卖弄风情。过分拘谨会令双方显得不自然。但如果过于卖弄风情，那就有举止不端之嫌了，这极可能会吓跑那些正派而有教养的男性。

在约会的时候，态度爽朗大方，举止自然亲切，把对方当作一位普通朋友来对待，就可以让自己从从容容地给对方留下良好的印象！

当与对方正式确立了恋爱关系，也要尽量保持矜持，别忘了你是一个女人。女人自始至终都要遵守女人的游戏规则。并非时代不同了，女人就可以像男人一样。不是的，不管你多么独立，多么能干，在恋爱中，你始终都是一个女人，没有人会把你当男人评价。

每一次约会，都要有时间观念，并且要顾及对方的经济能力。如果你曾经有过一段令你念念不忘的感情，也不要用新的男友与旧男友相比较。信任对方，并且不要干涉他的自由！

他的朋友，他的异性伴侣，他曾经爱过的女人，不论他是否还在怀念从前的爱情，在你还没有正式成为他的妻子之前，你都不要追问，更不详细盘问他每月挣多少钱，银行有多少财产，那只会让男人对你存有戒心。

未征得同意，就私自翻阅他的日记簿，信件、相册、手机电话本等，更是一种不礼貌的行为，有教养的女人是不会这么做的。而一个有深度的男人，仅仅通过你的一些行为小节，就可以立即拈出你的轻重。如果你真正想钓一只"金龟婿"，那就更别犯傻！

恋爱中的男女，感情发展到一定时候，难免会有接吻、搂抱、抚摸等身体接触，甚至发生性行为。如果对于这些，你暂时还没有做好准备，就应该坦白地告诉对方，让对方明白你不是一个随便的女人，就算你很喜欢他，也要等双方都有了深入的了解，才可以更进一步。

男友要求女友接吻、抚摸、搂抱，这都是很正常的，他提出这样的要求，也并不意味着他就不是一个好男人。作为一名优雅而有深度的女人，在这种时候，不论从与不从，你都应该表现得善解人意。

　　恋爱到一定阶段后，你可以主动提出到他家里去拜访。如果他对你是真心真意的，就会很乐意把你带到他的家里去，而且会尽量制造一些机会，让你与他的父母家人认识、交流，这也会有助于你们的感情发展得更好。

　　但如果他对你的要求置之不理，那就意味着他要么对你还不够真心，要么他认为时机还不够成熟，暂时还没有准备好要与你共度终生。

　　恋爱是男女双方了解的阶段，也是双方相处磨合的阶段。在这个过程中，双方就要尽可能地学会分享彼此的生活乐趣。只有学会了分享，两个人才有可能真正地融到一起，也才有可能最终迈进幸福婚姻的大门。

美满婚姻是女人最大的财富

　　在二十岁之前陪伴我们的是父母，是他们陪我们走过童年与少年，是他们把我们送到了青春的时代。二十岁以后直到我们走向生命的终点，陪伴我们的将是另外一个人，这个人就是我们的另一半。

　　女人即使再有能力，如果没有一个幸福的家庭，没有一个懂她、疼她、体谅她的老公，也不会取得大的成功。试想，如果一个女人回到家，看到的是自己老公一副冷淡的面孔，向他诉说自己的苦衷，他也不能体谅，女人的心情会是怎么样的呢？

　　反之，如果有一个特别懂她的老公，无论遇到什么困难都会得到老公的鼓励，那对于女人来说会是多么大的安慰。无论在外面遇到什么委屈与困难，心中想想还有自己老公的支持，那什么不能面对呢？

所以，对于女人，干得好与嫁得好哪个更重要？其实不分伯仲，只有干得好又嫁得好的女人才最幸福。生活中，"干得好"的女人未必嫁得好，但嫁得好的女人会有不错的条件供她们"干得好"。至于干得好又嫁得好的女人，毫无疑问，自然能够越来越好。

婚姻从来不是女人的"保险单"，女人首先要干得好才能获得生活真正的保障。但女人干得好，也要嫁得好才能好上加好，如果轻率地对待婚姻，不仅不能给生活带来任何便利，反而容易将女人拖入"万劫不复"的深渊。

婚姻是一辈子的大事，女人是娇嫩的，是需要被宠爱、被尊重、被理解的，随随便便把自己托付给一个并不能给你带来幸福的男人，其后的辛酸可想而知。因此，聪明的女人，会选择好男人托付终身，这样才能改变命运或者锦上添花。

王艳生于农村，中专毕业后到广东打工，由于工作勤奋加之人又聪明，当上了行政助理。后来她遇到了现在的老公，老公很爱她，在他的帮助下，王艳参加了多种学习班。2019年，她自己开了一家公司，虽然规模很小，却经营得有声有色，王艳的日子也越过越好。

不仅仅是王艳，现实生活中，女人嫁得好就过得好的情形是非常普遍的。原因是：优越的生活条件，会给女人带来诸多便利和帮助。而且，由于生理等方面的原因，女性的幸福较之于男性，似乎更多地依赖于温暖舒适的家庭，嫁个条件宽松的，女人也能少受点累，多一点轻松。总而言之，嫁个好男人，可以给女人带来很多软财富。

恋爱，也要学习语言的艺术

不知不觉中，悄悄地喜欢上了一个男性。经过了无数次夜深人静时分的辗转难眠，经过了回首处百转千回的相思之苦，终于，你和他，机缘巧合又自然地碰到了一起，或者在电梯间，或者在公共汽车上，或者在午餐吃饭时候的快餐厅，或者在某一间酒吧……

你心跳不已，你面颊绯红，你甚至语无伦次，该怎么说，表达你对他的好感，让他知道你对他的流连，牵住他的心，从此不再让他离开呢？这就要掌握一些与异性之间交流的技巧。

例如话题1：你微笑着问候他，对他说："我经常注意到你"。"注意"的潜台词是兴趣。对一个男人，你没有兴趣，又怎么会注意到他呢？这句话，几乎会让所有的男人欢喜。

例如话题2：你了解他的兴趣，谈论他的兴趣。在你找不到话说的时候，不妨询问了解一下他的兴趣，并主动谈论他的兴趣。比如，如果他喜欢足球，即使你不了解足球，你也可以这么说："我对足球也有兴趣，但我不太懂，你能给我说说吗？"

如果他喜欢看电影、听音乐，这也是你的兴趣，而且碰巧他喜欢的电影和音乐有很多也是你喜欢的，那么，你完全可以就这些你们共同有兴趣的话题，畅谈一番。

记住，在交谈的过程中，你的角色是以聆听为主。听他滔滔不绝的宏论，满足他的表现欲与自尊心，使他觉得自己受到了足够的重视，他自然就会对你多加留意。说不定在一席交谈之后，你们就会互相留下电话，并且迅速水到渠成。

例如话题3：我会看手相，要不要我帮你看一下手相？其实这是一个很老的话题，自从这个话题被发明出来之后，它对任何年龄的人，在任何情景下，似乎都能使用，而且成效屡见不鲜。

所以，当你面对一个陌生的或者不是很熟悉了解的男人，如果实在不知道该说什么的话，不如就试试这个方法。越年轻的男子，这个方法越有用处。至于那些岁数不小，也并不相信手相的男人，只要他对你有好感和兴趣，一般来说，在你提出这个"要求"之后，也很少会拒绝。

当然，你不一定真的会看手相，但这并不妨碍你可以装腔作势一番。你说的不一定准，那没关系，反正你也不是专业的巫婆。握住他的手，装模作样地看看，究竟说什么，就凭着你对他的感觉了。没关系，能说准多少就算多少吧。

例如话题4：感性地称赞他的体魄。"你的肩膀真宽！""哇，你的手这么大啊？！""你的皮肤真黑，是在哪里晒过的吧？"……

当然，说这些话的时候，你不妨稍稍带有一些夸张。一般来说，男孩都比较乐意向人炫耀他的体魄。这些话题，意味着你对他的欣赏和认同，会迅速拉近你与他的距离，增加他对你的亲切和好感。

例如话题5：故意制造一些无伤大雅的"事故"。如果你正在喝饮料，而他凑巧正好坐在你的旁边，你可以趁他不注意，故意将手中的饮料瓶倾斜，装着不小心，把饮料倾倒了一些在他的身上，然后，深感歉意地对他说："对不起，我把你的衣服弄脏了。"

不过，别忘了提前把手绢或者纸巾准备好，一边道歉的时候，一边顺势取出你早已准备好的纸巾，替他擦拭衣上的饮料。

例如话题 6：借故向他请教。男人几乎个个都有表现欲。你可以找一些借口向他请教。比如，你可以这样说："我准备假期出去旅行，但不知道去哪儿比较好，听说你去过很多地方，能不能给我建议一下？""听说塞外的风光很不错，是这样吗？""我想拍一组户外的风景照，你是个摄影高手，能否教教我一些简便的技巧？"……

在你向他请教问题的时候，态度一定要诚恳，彬彬有礼。即使你向他请教的问题，他也不是很明白，但面对一个优雅有礼的女人，男人是很难开口拒绝的。

做一个胜出情场的女人

常见的那些胜出情场的女人，是一些风情万种的女人。风情万种的女人，是自信的女人。自信如同一把锋利的宝剑，它能从精神上赋予一个女人"花魁王者"的气质，它能够令一个女人从内到外散发出一种光彩夺目的光辉。

风情万种的女人，除了自信，还有发自内心的微笑。微笑不仅让你看起来更加可爱，而且会让男人意识到你和他在一起时是幸福的。女人的幸福是给予男人的最好礼物。一个善于微笑，喜欢微笑的女人，在她的眉眼之间，时时刻刻流露的都是万种风情。

风情万种的魅力还在于，你喜欢烛光晚餐、喜欢浅酌低吟；你善于风花雪月，善于为两个人的关系营造浪漫的氛围；销魂的"鸳鸯浴"，浪漫的爱情影片，以及你温柔的关心、呵护与迷恋……这一切，都足以让一个男人彻底迷失在你的万种风情之中。

风情万种的女人也是聪明的。聪明的女人，不会过分挑剔，不会懒散、糊涂。

过分挑剔的女人都是孤独的。所以，一个聪明的女人，她不会对生活苛求，不会苦苦地等待一个十全十美的白马王子。因为在这个世界上，原本就没有完美的人，那种集英俊潇洒、慷慨大方、体贴关心、德才兼备于一身的男人，又究竟能够有几个人呢？

有的时候，生活意味着一种妥协，妥协的意义就在于，你需要委曲求全，你需要降低标准。你要寻觅的这个男人，只要能够有一两项条件符合你首要的择偶要求，只要他也愿意与你在一起，只要他能够让你幸福、愉快，这就足够了。

看看周围，不知你是否发现，那些风情万种的女人，身材都保持得极好。就以鼎鼎有名的张曼玉为例，这个早已四十出头的女人，依然身材婀娜、风姿绰约，在电影《花样年华》中的她，身着每一款不同式样、色彩的旗袍，那举手投足之间的风情，不仅令男人着迷，也让女性倾倒。

所以，一个风情万种的聪明女人，她会积极锻炼、勤奋健身，保持优雅体态。你是不是一个风情万种的优雅女人？照照镜子，年纪轻轻的你是否已有了小肚子？胳膊和大腿上是否积累了过多的脂肪？如果是这样，那么，从现在开始，节制饮食、控制体重、加强肌肉弹性。良好匀称的身材能令你有更多机会进入男人的视野，提升你的自信。

是什么决定着一个女人的幸福？外表、风情、还是智慧？一个女人的幸福与智慧是成比例的。而一个女人的智慧与她选择男人的正确度也是成比例的。

如果你决定与一个男人共度余生，那么，当你第一次随他前去拜访他的父母的时候，就要仔细观察他的家人，尤其是他的母亲，你特别需要留心他与母亲之间的关系。因为家庭对一个人的个性有潜移默化的影响。

通过他母亲的教养、个性，你能够揣度出这个男人暂时还不为你所知的修养和为人。通过他对待他母亲的态度，你能够大致估计出他将来对待你的态度。如果他喜欢和母亲相处，重视母亲的意见，能够耐心聆听母亲的谈话，但又不会依恋母亲，那么他对你自然也就不会错。

风情万种的女人，也是调情的高手。她不会为了表明自己的矜持和高贵，故意整天皱着眉头，一副冷冰冰的拒人于千里之外的表情。她懂得并善于充分施展自己的魅力，一颦一笑，一些亲昵的小动作，都恰如其分地表达着亲切和友善。

风情万种的女人，还会主动争取机会，并且善于"欲擒故纵"。如果你结识了一位陌生的男人，并对他一见钟情，那么你可以主动索要他的电话号码，说你希望能与他进一步联系。在这个时候，不要被动地等待，要主动出击，自己争取幸福，掌握幸福的那种感觉，真是妙极了。

如果有一个大帅哥在某一天晚上打电话约你外出，虽然你很早就盼望着他的约会，而且在他定的约会时间里你也没有别的事，但这时你也要忍耐住，故意对他说："对不起，我已经有安排了。"不要让他以为你是那种"呼之即来，挥之即去"的女人，如果一个男人认为你太容易得到了，他就很难珍惜你。

如果你真心在乎这个男人，并渴望与他共度美好的人生，就一定要聪明地为他设置一些障碍，只有当他越过了那些障碍之后才得到你，才能够很好地珍惜你。

不过，男人的自尊是需要被维护的。不要在他面前讲其他男人的故事。如果你想通过讲述你和其他男人做过的事、去过的地方来刺激他，引起他的妒忌，这是一种愚蠢的办法，它会让你得不偿失。

懂得利用相思来激起他对你的爱欲。距离和相思会让感情变得更加甜蜜。刻意为自己保留一份神秘感，能更好地在感情上牵引男人。

但是自始至终，一个聪明的女人都懂得维护自己的个性和独立，不要试图做一个百依百顺的女人，在必要的时候，你可以对男友严厉一些，适当地敲打他一下，借故挑战他，激起他的征服欲，让他对你始终保持一种敬畏之情。

学习如何打扮自己。想象你自己是一只美丽的孔雀。要想吸引男人的目光，守住自己的男友，就要让自己像孔雀开屏一样灿烂。

与男友相处，要尽量避免同居。同居不但会降低结婚的机会，而且也会削弱他对你的激情。因为随着同居时间的延长，恋人相互之间可以像夫妻一样习惯性地享受性爱和其他类似的家庭生活乐趣，久而久之，彼此的兴趣和吸引力就会减弱，你们的相处就会变得平淡。而这种平淡的生活，又会慢慢磨损两人的关系。

如果你不想轻易中止一段关系，不愿意轻易离开一个男人，那么你最好的策略就是不要让他轻易地得到你。而避免同居，就是避免让他轻易得到你的最好方法。

这里就有一些教你胜出情场的“圣经”：比如对不同的男人要有的放矢；智慧的男人一定要用智慧征服；适当满足男人的征服欲和保护欲，给他提供接近你的机会；可以在你喜欢的男人面前换衣裳。或者在换衣裳时，故意让门虚掩，让他偷看。但换衣裳的时候不要急，慢慢地换，那会显得你很性感。

又比如女人的另一性感时刻是洗浴。所以，在洗浴的时候，不要插门，故意为他制造偷看的机会；故意让他知道有很多男人在追求你。即使没有，也要为自己编造一些故事。但如果是编造的故事，不要太夸张；适当地反抗，能更加诱惑刺激他，也能加重你在他心中的分量

爱上他，就一定要得到他

所谓的爱情是相爱的两人一同建立起来的关系。假如你是你，他是他，你们完全没有交流，你和他的感情是你自己想象的，那么，你们的爱情便是不自然的爱情，他便是不自然的恋爱对象，也就不是你心目中的理想对象。

如果你们互相爱慕，彼此关怀，凡事都为对方着想，心灵上有充分的交流和沟通，那么，这便是一段自然的爱情，他便是自然的恋爱对象，也就是你生命中注定的另一半。

在你渴望恋爱的时候，你要记住，"爱人"是个动词，假如你希望得到对方的爱，那么，你应该先去爱对方。假如你非常喜欢某个人，那么，你只要想好如何爱他就行了。这就要我们学会爱情中的恋爱心术。

如果你渴望自己喜欢的人，也能够同样喜欢自己，当你向神灵祈求庇护的时候，别忘了请神灵也把相同的祝福给予他一份。

一天到晚只想得到男人宠爱的女人，往往是"唯我独尊"的。这一类女人，在爱情的路上，是不折不扣的被动人群，因为她们只关心

对方会如何对待自己，只在意对方能够给予自己什么，而忽视了自己能够给予对方什么，能够替对方做一些什么事情。

和男朋友在一起，你是不是整天埋怨他不在乎你的情绪，不主动和你交谈呢？你是不是埋怨他整天忙于工作，而对你不理睬呢？在你们的关系中，是否总是你在要求他，却忽视了他对你的要求呢？

如果你想让男人真正地喜欢你，那么你就要首先想到让他的生活幸福，工作顺利；如果你想让男人对你产生好感，就要学会主动跟他们打招呼，对他们微笑。因为无论对方是谁，都不会冷漠地回应一个异性的善意交谈以及真诚的笑容。

一个在爱情的道路上，处处充满好运的女人，她成功的全部秘诀就在于"快乐"这两个字。快乐的女人是讨人喜欢的女人。一个讨人喜欢的女人，更容易吸引异性，受异性的青睐，情场之路，远比那些不招人喜欢的女人走得更加顺利。

此外，讨人喜欢的女人也招同性的喜欢。她们善于为人处世，有社交魅力，不论事业还是生活，都能一帆风顺。快乐的女人能让男人轻松地对她产生好感，快乐的女人能让一个男人放松而没有压力。如果你期待那份幸福，那么你就要学会快乐，学会讨人喜欢。

不过，要做一个讨人喜欢的女人，并不需要你处处刻意迎合男人。要知道，讨人喜欢不仅仅是为了男人和爱情，而是出于一种礼貌，一种素质，一种精神，一种品位，一种格调。

讨人喜欢的女人，大致有这样一些品质：为人处世不卑不亢、低调，既不炫耀自己的优势，也不为自身的劣势而自卑；为人谦虚、懂礼貌，能正视自己，不逃避责任；长相不必出众，衣着不必昂贵，但一定干净、整洁、清爽；善待家人和朋友，懂得珍惜；与陌生的异性相处，懂得保持适当的距离和空间；生活有规划，井井有条；热爱自然和美景，懂得欣赏优美的事物，在两性相处中懂情调；不讲闲话，不说人是非；勇于追求爱情，但自重自立；不抱怨生活。

据统计，具有以上品质的女性，大都受异性欢迎。不过，男女两性之间的爱情有时候就像是一场拉锯争。尽管不提倡你为爱情刻意去改变什么，但要收获美满的爱情，仍然需要讲究两性相处的策略和艺术。

首先，女人要学会用柔弱征服男人。特别是在恋爱初期，女人更要适当懂得"以柔克刚"。因为男人都喜欢当英雄，他们在给予女性帮助的时候，大都会有一种英雄的气概。如果你能让他觉得自己在你面前有用，能被你需要，那么在他的心里面就会有一种自豪之感。只有那些需要男人的女人，在男人的眼里，才会更有魅力。

其次，撒娇不仅仅是女人的专利。男人也需要撒娇。你应该适当给他一些撒娇的机会。尤其是当男人在遇到挫折、失意的时候，他们更需要女人能够用一种"母性"的态度去呵护。所以，一个聪明的女人，懂得给男人制造撒娇的机会，在他失意的时候，不要嘲笑他、讽刺他，不要给他制造太大的压力。

在爱情中，聪明的女人懂得保持自己的神秘感。女人的神秘感，是诱惑男人的"致命"武器。特别是在你和对方的关系并不明朗的时候，只有懂得保持自己的神秘感，才能激起他对你的兴趣和探究的欲望。

在这个时候，你要像一个高明的猎手，一步步把你渴望的"猎物"擒获在自己的手中。因为男人往往都有很强的好奇心，面对一个他并不很了解的女孩，他的心里自然会有一种征服欲。对于男人，这种神秘感就是吸引力。你越矜持，越莫名其妙，越难以驾驭，他就会对你越着迷。

相反，唾手可得的女人，对于男人就像一杯没有味道的白开水。要做白开水，还是做一杯韵味悠长，让他流连忘返的酒，就看你自己的选择了。

不要束缚男人，给他适度的自由和弹性空间。天长日久，再好的情侣也有彼此生厌的时候。所以，在这种时候，你最好能够给予他适度的自由和弹性空间，不要整天黏着他。让他可以自由地呼吸新鲜的空气，可以施展拳脚，放他出去与朋友痛快淋漓地踢一场足球，让他去酒吧里放纵一次，让他独自一个人待着……

不要一个劲儿地追问他的行踪，不要管他做的任何一件事情。只有在"欲擒故纵"之中，你才能把他抓得更牢。男人不喜欢唠唠叨叨的女人。在他面前，你说的每一句话最好都能恰到好处，懂得适可而止，在适当的时候保持沉默。

此外，男人通常喜欢在女人面前夸耀自己。当他夸耀自己的时候，你微笑着聆听就是了，并且给予他适当的肯定。如果你的男人喜欢吹牛，那表明他可能缺乏自信。

如果他是一个缺乏自信的男人，你的聆听对于他就更加重要。在这种情况下，如果你不愿意听他的话，只顾着自己一个劲儿地说，那只会让他的自信心崩溃。在他看起来心事重重，不愿意和你说话的时候，你最好避开，沉默，让他一个人安静地待着。在这种时候，男人是不喜欢受到打扰的。

学会对他的行为宽容和让步。有的男人可能有一些怪癖或者特殊的喜好，比如玩电子游戏，打纸牌，玩拼图。在他和你交往的时候，可能同时还有别的女孩子在追求他，而他和那些不错的女孩也是很好的朋友。碰到这种情况，只要不是原则性的问题，你最好睁一只眼，闭一只眼，对他适当地宽容和让步。

因为男人天生喜欢欣赏女人的美。他与别的女人交往，并不意味着是对你的见异思迁。给予他适当的自由和宽容，有助于你把他抓得更紧。

条件越是优越的女人，在与男人相处的时候，越容易受到男人的抗拒和躲避。特别是当你的条件比对方优越许多的时候，他可能就会对自己缺乏信心。遇到这种情况，你不妨低调一些，在他面前适当地贬低自己，暴露一些自己的弱点，贬低自己的成绩，不但有助于你们两人的感情，也会让他更加尊敬你。

另外，如果你真的爱一个男人，就要学会适当地表现出你的醋意和嫉妒。再好的爱情，也有降温的时候。有时候，当你看见他与别的女人说话，或者对其他的女人产生好感时，适当地对他表达你的嫉妒和醋意，一方面可以证明你对他的爱与重视，另一方面也可以满足他的虚荣心。有时候，男人会故意让女人吃醋，他只是想看看你对他是否在意，是否情有独钟。只是，吃醋千万不要太过就是了。

让“坏”男人拜倒在你面前

男人不“坏”，女人不爱。“坏”男人，通常是指这样一些男人：或者风流、四处拈花惹草；或者个性张扬，飞扬跋扈；或者经历复杂、精明圆滑。

不过，这些“坏”男人，也有自己的可爱之处，比如说：那些风流洒脱、四处留情的男人，对女人，可能真的是打心眼儿里喜欢、怜惜、疼爱，而且他们明白自己内心真正的渴望，一旦遇到真爱，往往会比好男人更加珍惜、更加勇敢。

那些个性张扬、飞扬跋扈的男人，可能才华横溢、能力过人。那些经历复杂、精明圆滑的男人，可能在商场上，是个所向披靡的常胜将军。

在这里，我们说的"坏男人"，是指那些在感情上风流多情的男人。如果碰巧有一个好男人与一个"坏男人"同时站在你的面前，让你选择，你会选择哪一个？好男人还是"坏男人"？正所谓萝卜白菜，各有偏爱。真正的爱情和真正的幸福，依托于自己内心的感受。在更多的时候，两情相悦才是出于人性的本能。

如果你遇上并爱上了这么一个"坏"男人，那么千万不要忽视智商的较量。虽然要"吃定"一个多情的男人很容易，但是，要让这个男人天长地久地对你一条心，却是一件难事。

因为风流的男人对女人，心是花的，感情是不定性的，他今天对你好，口口声声说爱你，喜欢你，一眨眼的工夫，他也能对另外一个陌生的女子故伎重施，令你哭笑不得。

不过，幸亏这种风流的"坏男人"还有一个优点，那就是无论他们曾经如何风流快活，一旦他们真心实意地爱上了某一个女人之后，往往就会一改往日的"劣迹"，开始稳定下来，老老实实地过一种安稳日子。一旦你爱上了这样的男人，关键就要看你如何把握住他，控制住他。

风流多情的男人，普遍智商偏高。他们往往不屑于玩小聪明、小花招。万花丛中过，阅过的女人无数，你的任何一个小小的心眼，都难逃他们的"法眼"。

所以，对于这样的男人，你不需要装傻，更没必要卖弄一些小女人玩的花样儿，与他们直截了当、开诚布公地相处，是最好的策略。如果你有足够的才智令他们欣赏你，说不定还能推心置腹，做他的红颜知己，成就一世的佳话，像那张学良与赵四小姐，永远是风流才子与多情佳人的典范。

虽然风流的多情男人喜欢与聪明的女人打交道，你在智商上打败他们，能激发起他们对你的征服欲，但是，任何事情都需要适可而止，如果在你与他的相处中，你总是处于强者和赢家的地位，他总是处于弱者与输家的地位，久而久之，他对你的兴趣，就会慢慢从浓烈变平淡，最后变成一杯无味的白开水。

最后，你要记住，任何时候，都不要试图去控制一个男人。在与一个男人的相处中，你只能竭尽所能地经营你和他的感情，把握这份感情，但千万不要去经营他，不要去控制他。

男人和女人的关系就好比放风筝，在放风筝的时候，这根线拉扯得越紧，风筝就飞得越高，就越不容易把握，但是如果不牵着那根线，风筝就飞不起来，甚至会栽倒在地。

所以，征服一个男人，就像在三月的春天里放风筝的过程，把握力度与分寸，你渴望的那只风筝，一定会在最好的状态下属于你。

在热恋之中，除了身体，不论是精神还是物质，不论是房子还是车子，不论是财富还是其他的资产，你们是彼此共享，还是依然泾渭分明？

比如说，你有一批宝贝的藏书，那么当你的男友想要分享你的藏书时，你是会大方地任由他分享，还是每一次他要借阅一本书都必须征得你的同意？你有一盒经典 CD，凑巧你的男友和他的那些哥儿们都很喜欢，而且很想借一下。那么，你会怎么对你的男朋友说呢？

"我的东西你可以用，但是不允许把它借给你的朋友。""没关系，我的东西就是你的东西，你可以把它借给你的朋友。""这盘 CD，你可以在我这里听，但是你不可以把它带走。"……

其实，可能很多人都有这样类似的感觉。我们的生活原本是独立的，在自己的世界里，可以随心所欲，财产是属于自己个人的，宝贝的物品也是个人独有的。

然而，当我们恋爱了，蓦然之间，你就会发现你的生活不再只是属于你自己，另一个家伙已经闯了进来，他不但要拥有你的身体，甚至还想拥有你的财物和各种各样原本只是属于你一个人的宝贝。

没有同居还要稍好一些，为了避免他对你的彻底"侵占"，你时常可以找一些加班或者别的理由，拒绝让他上你的家。可是，如果你们选择了同居，那就意味着你需要接受，甚至忍受一些事实。

毕竟，在这个世界上，任何事情都是需要付出代价的。拥有男人，拥有爱情，表面上你摆脱了孤单和寂寞，拥有了两个人的幸福和快乐，但实际上，你也不得不以某种方式的让步为代价。

在两人的关系中，如果你一味克制自己，做自己并不愿意做的事情，压抑自己真实的想法和心意，那么，过不了多久，这种表面上的彬彬有礼的"合作"关系，却可能会把你们两人的关系彻底葬送。

那么，如何既能够谈一场美丽的爱情，又能维护自己的心意呢？在你们两人走到一起之后，你就应该有意识地让他了解你的个性和喜好，一个有涵养的，值得爱的男人，他会尊重你的个性和喜好的。他对你的尊重是建立在你需要讲道理的基础之上的。同样，你也需要尊重他的个性和喜好，然后，你们彼此都需要为对方做出一定的让步。

比如：你从来都不喜欢在家里招待客人，更不愿意为客人下厨做菜。而他却是好客的，在与你相处之前，他经常呼朋唤友地在家里聚会。那么，当你们两人走到一起之后，他需要适当收敛自己的习惯，尽可能不把朋友带到家里。

但爱他的你，不妨偶尔主动邀请他的好友来家里看看球赛，并提前为他们准备好啤酒，并为他们做几道下酒的菜，如果你不会做菜，那也没关系，可以在超市买现成的速食，不管怎么样，你的这份心意，都是能够让他感激涕零的。

总之，在一场爱情的游戏中，你可能会慢慢地发现自己正在失去自我，这可能会让你变得忧郁，或者焦躁不堪。你还会抱怨自己成了爱情的牺牲品。可这种情况，谁又愿意呢？没有谁想要这样的。可是，选择两个人的生活，就意味着你必须对单身生活加以改变，否则，你又怎么可以获得一段良好持久的关系？

爱情也是需要好好经营的

现代男女的爱情诡异多变，有时候，男男女女的三角关系，相互纠缠，错综复杂，剪不断，理还乱。在这种三角关系中，最吃亏的是女人。

相比于男性，三角关系中的女人，更容易受到社会舆论的谴责。即使那是男人的错，人们的习惯性思维往往也认为是女人不正经，女人是狐狸精，仿佛女人不勾引男人，就一定不会有这样的事发生一样。

女人的吃亏还在于，陷入这些说不清、道不明的三角关系中，女人往往是浪费了时间，消耗了精神，虚度了青春。错误地爱上一个不该爱的男人，就意味着同时会错过其他可能更值得珍惜的感情。纠缠于一个最终不会拥有的男人，等到青春逝去，蓦然回头中，才恍然发现自己依然孤零零地孑然一身。

如果你面对的男人同时还纠缠于另外的女人，那么，最好的办法是给他一个明确的期限让他解决此事。如果他不能够解决，或者继续犹疑不决，那么，你就需要当机立断，考虑是否还要继续与他交往。

在与男人的相处中，不要容忍他的粗暴、无礼，不要忍受他对你的大吼大叫，更不要宽容他的凶残。特别是当你发现他经常粗暴地对待别人，对家人和朋友无礼时，你就要认真地慎重考虑你与他的关系，考虑他是否还值得你交往。粗暴地对待别人，对家人和朋友无礼，意味着总有一天，他对你也将会是这样的。

拥有一份美好的关系，获得一段弥足珍贵的爱情，并不是一件容易的事情。不管时间的对错，只要你遇到的是一个对的人，那么，你就是一个幸运的女人；但是，如果不论时间如何正确，地点如何适当，如果你遇到的是一个错的人，不能当机立断，埋下的也许就是日后悲剧生活的祸根。

性感的女人，能够对男性引发一种性的吸引力。不同的女人，性感有不同的韵味，其性感的魅力，对于男人，会产生不同的效果。但是，今天的女人，性感不再是为了讨好男人，而是为了取悦自己。

性感是女人一生的必修课。不过，媚俗的性感与优雅的性感属于两个不同的层次。身为女性的你，应该如何为自己增加性感的诱惑力呢？

自我触摸，如撩撩头发，不经意地咬一下小手指，托腮，不经意地把头发轻轻地甩一甩，无奈地耸耸肩、交叉双手等等，都是一些令人销魂的小动作。不论是对男人还是女人，这些小动作都显得妩媚可爱。

　　在穿着打扮上，可以为自己增添一点异国情调。异国情调并不是只能吸引西方人，任何人都会被异国情调中的那一份遥远的、奇异的、野性的、神秘的韵味所吸引。如富有苏格兰民族色彩的衣裙，一顶富有阿拉伯民族特色的小帽，一条印度的丝巾，一条西藏的项链或者手链等等。

　　此外，女人在身上的性感地佩戴一些饰物，也能增添自身的性感魅力。如在脚踝处，带上一根脚链，挂上大大的耳环等。脚踝处作为女人最重要的性感区域，凉鞋及高跟鞋是她们张扬腿部性感的武器。特别是当女性穿高跟鞋时的那种婀娜的风姿，很能吸引男人的注意。

　　女人洒在身上的那若有若无的香水、那明艳动人的口红、她那秋波流转的眼神，都是能够让人神魂颠倒的性感武器。

　　女人在稍微地饮一些酒后，会面颊绯红，眼神中将有一份波光流转的朦胧之美，这时候，她的举手投足，都能够给人以性感的感觉。

　　除了外在的性感元素，能够让一个女人显得性感的，还有她的神秘感以及与生俱来的野性的心。在自己喜欢的男人面前，只说三分话，余下的，让男人去揣摩，去想象，能激起他们的好奇与征服欲望。

　　而所谓野性的心，对于男人更是充满刺激的，比如冒险，幻想等。相比于外在的性感，内在的性感是更为吸引人的。不管怎么样，女人的性感可以无时不在，只要用心经营，每一个女人都可以拥有迷人的性感魅力。

　　女人的性感魅力还在于她保留在男性心目中的神秘感。在恋爱中，不论男人还是女人，都渴望更多地了解对方，知道对方，这本是一件理所当然的事情。

　　但如果你一股脑儿把自己从前的所有的事情，都倾诉给男人，那么，当对方了解你的全部事情之后，他对你的兴趣可能也会随之快速冷却。因此，在恋爱中，要学会保持神秘感，要使你们每一次的约会都有新鲜感，并使他对你持续抱有兴趣。当他询问你的某一段经历时，你可以选择沉默，或者表现出欲言又止的样子。

约会之后，他如果送你回家，你可以指定让他把你送到车站或者某个离你家很近的路口，不要轻易带他进你的家，这种做法能造成神秘感。

这样经过了一段时间以后，你再找一个借口向他解释，说如果在家的附近被人看见，会有人说闲话。这样不但不会引起他的反感，反而会让他更加敬重你，在他的心目中，会认为你是一个稳重、懂事的女孩。

你可以让他感觉到你有某种特别的喜好，如绝对不去某一个地方，绝对不会吃某一种食物，绝对不做什么事情，等等，如果他奇怪地问你为什么，没有必要解释。这样，会让他觉得你神秘，弄不清楚你是怎么回事。

性感的另外一个奇特的诱惑来自接吻。在接吻的时候，心情一定要放松、自然，不用过于紧张，因为这是一件很自然的事情。要知道，如果你越紧张，你就越容易失态。

在接吻的时候，把你的唇轻轻地压在他的唇上，然后略微张开嘴，让你们的舌头相互接触。你的舌头可以跟着他的舌头轻柔地移动，闭上眼睛，用心体会他嘴唇和舌尖的味道，以及那种奇妙的感觉。同时，你的双手可以放在他的胸前或者搂住他的腰，也可以把手指放在他头发之间，温柔地游移。

在接吻的时候，如果你喘不过气来，可以缓缓把你的嘴暂时闭上，从他的唇边移开一会儿，轻轻吻吻他的脸庞，他的眼睛，他的额头，然后再让你们的两片嘴唇接在一起。

如果你与对方彼此爱慕，感情浓烈，还可以尝试"法式接吻"。"法式接吻"是一种男女双方轮流感觉的"唇舌游戏"，是在两性的亲密关系下，自然而然发生的。

在与爱人进行"法式接吻"时，你可以轻启朱唇，但不要把口张得太开。你可以先用舌尖轻轻地滑过他的唇，滑过他的牙齿，再用你的舌头舔他的舌头，不时地在他的口腔内探索。

在"法式接吻"中，如果对方扮演的是主动角色，那么你就要把舌头缩回，全心全意地享受他的舌头在你口里挑起的情趣。

给婚姻制造一点浪漫色彩

年轻的女人结婚后，必须学会经营婚姻。婚姻也需要浪漫，没有浪漫的婚姻，只能死气沉沉，而添加了浪漫后，婚姻应该是充满活力和情趣的。

如果说婚姻是一件易碎的瓷器，浪漫就是它的黏合剂；如果说婚姻是一项投资，浪漫也应纳入成本，而且它会产生双倍的效益。婚姻这座围城里假如只有柴米油盐酱醋茶，难免沉闷和琐碎。而浪漫就像绿树和鲜花，让这座围城春光烂漫，美丽如画。

女人在婚姻中应怎样制造浪漫呢？

我们可以在生活中寻找和制造一些笑料。

因喜悦而笑，这笑也是你们可以一起享受的最快乐的事。笑会提升你的精神，鼓舞你的情绪，温暖你的心灵。两个人一起分享欢笑、庆祝生命的奇妙与喜悦，是人生的极致。

在欢笑中，你们享受幸福，心灵随之连接在一起。记住，一起欢笑会净化心灵，那也是促成你们在一起的重要原因。所以，在日常生活中尽量找出一些幽默，一起欢笑。

我们可以安排一些"浪漫时光"。

与爱人在一起散步。每天花30分钟锻炼身体、交流感情、放松情绪、交换意见、构想目标、消除误解，最好能手拉手。

和爱人一起做一些新鲜有趣的事情。去一家新餐馆，吃一道风味不同的菜；听一场音乐会，度一个独特的假期；和爱人一起参加学习班，学些你们两个都打算并盼望去学的东西。一起学习，你们会更加愉快。

送他一些小礼物。订阅一份杂志，买一本特别的书，洗个热水澡。

送一束鲜花，共享奇特的经历，奉上喜爱的食品。

写爱情便笺。把这些便笺藏在家中的各个角落，比如衣服里、口袋里、厨房或抽屉里，以及一些秘密的地方。要运用你的想象力，将爱情散播在生活的方方面面。

我们还可以适当有一点嫉妒之心。

一个不懂嫉妒的女人，就像拍了弹不起来的皮球，令人乏味。

你不必隐藏嫉妒和醋意，适时而恰到好处的嫉妒，可以证明你对他的爱与重视，可以满足男人的虚荣，可以让他享受一下被女人醋劲"宠爱"的滋味。

嫉妒，让他有被爱的感觉；猜疑，则会使对方感到被束缚，不被信任。因此，你可以理直气壮地要求他不准偷看女人或对其他女人笑，但别太疑神疑鬼，任何一点风吹草动，就以为对方要变心。过度的猜疑，只会沉淀成感情的阴影，最后，扼杀掉彼此的爱。

我们有时也可以让他伤伤心。

在两性交往的过程中，轻易承诺往往对爱情有较大的杀伤力，因此适度地让对方伤心，可以让彼此的关系更具有弹性。但切记并不要让情人陷入绝望，其中的分寸地把握要视对方能够承受多少压力而定。

例如，当恋爱的其中一方问起"你会爱我很久吗"这类问题时，你若明知未来有许多未知变数，却反而对他唱起《爱你一万年》，只怕日后感情生变，徒然落个薄幸之名。然而，如果你的回答是"我会尽量，但不保证。"也许对方在乍听之时会有些伤心，但是坦白的态度，将会助长情感转往更理性的路途发展及避免不必要的争吵。

我们还可以与他打情骂俏。

谈起爱情，每个人都以为自己是最认真的，然而在两人亲密相处的过程里，太严肃反而会造成不必要的压力。年轻的女人，带点幽默感的恋爱，反而让人回味无穷。"沉默是金"虽是流传已久的谚语，但在爱情里并不适用，花言巧语可以说是点燃情欲的火苗。

有的时候，我们也可以来些心血来潮的举动。

用心血来潮的举动刺激平淡的生活是保持活力的一种办法。它不可预期，不需要掌控，却充满惊奇。

可以与爱人来些人为的小别。每隔一段时间找个借口外出一次，人为地制造一个思念的意境。小别一段时间，你和你的爱人之间，就如磁石的磁性被加强了一样，更有吸引力了。

为两人筹划一份惊喜，是表现关爱与创造回忆的最直接的方法。它能使伴侣在惊喜中陶醉爱的美好，并留下一份浪漫记忆，而你在策划和执行的过程中也能得到很大快乐。

理性与逻辑的部分消失了，你变得有点冲动、傻气，甚至有点疯狂、愚蠢，但感觉是棒极了。在两性关系中，这样奇妙的感觉能让你们保持愉悦快乐，不会陷入死寂。

时间宽裕的时候，我们也可以约他拍生活集锦照。

赞美他比那些男模特儿长得更帅，告诉他你好想替他拍些照片压在桌板底下，藏在小皮夹里面，好让大家都能看到他的帅模样。叫他摆出各种姿态，穿西装带公事包的，穿牛仔裤戴牛仔帽、蹬马靴的，穿睡衣的，穿内衣裤的。

当然，休闲时分替他修指甲，也是一种不错的选择。

你会赞美他的手好壮好有力，告诉他这么好的一双手更需要特别的照护。这种温情脉脉的暖意，常常能使男人终生难忘。

好女人要学会追求幸福

经常都听见有女人抱怨好男人难找，说自己认识的那些条件好的男人，不是有太太，就是有女朋友，要不然就是同性恋。

偶尔碰到一个似乎还算合适的男人，既没有太太，也没有女朋友，更不是同性恋，一切情况都很正常，可是，就在你内心禁不住狂喜的时候，却突然惊闻对方整整小你十来岁！这样的经历，不吝于让你身临其境地经历一场大地震。

你左思右想，百思不得其解。偶尔上天可怜，把一个各方面都还不错的男人送到面前，却又笨得不知该如何追求。

谁说好女不追男？喜欢上一个男人就可以勇敢地去追求。不过，追求男人是有技巧的。追求男人也是一门技术，一门学问。穷追猛打、不讲方法地追，那只是"傻追"。

碰到你喜欢的男孩，应该巧妙追求，切莫错过良机。在路上遇见，你可以主动与他搭话，尽管交谈的内容十分简单，但有了第一次，说不定你就迈出了恋爱的第一步。比如："我觉得你好面熟啊，以前好像见过？""请帮个忙好吗？"话题本身是引子，真正的目的是进一步与他结识。

学习施展魅力，显示个性。并非只有美貌的女孩才会受到异性的青睐。漂亮的外表是天生的，而高雅的气质是可以培养的。良好的气质是女性吸引男性的永久魅力。要注意，与男性握手时，不要太用力，应该轻柔一些。走路要昂首挺胸，脚尖先着地。说话应温和、柔美，笑时不可太放肆。

这些都是表现女人味的方面。如果你能做到这些，就一定能够吸引男性。当你开始喜欢上一个人之后，要让自己在芸芸众生中脱颖而出，使外貌、性格、才学、资历均无惊人之处的你，在他的心里却有着一种异常特别的感觉。

比如，如果你和他本来就是同事，他凑巧在工作中遇到了一些麻烦，你可以趁机帮他一把，或者在平时工作上多与他交流，慢慢地加深在他心中对你的印象，时间久了，就会起到"水滴石穿"的效果，令他对你刮目相看。

或者当你、他，还有其他朋友们，大家一起结伴同游，在爬山的时候，你在离他只有几步之遥的地方故意滑倒或者跌一跤，引起他的注意；看见你那楚楚可怜的模样，他一定会迅速地跑来扶你。男人都是有保护心理的。适当地寻求男人的保护，能满足男人心中潜在的"大男子"主义欲望。

学习巧妙地暗示。主动与陌生男子搭讪，你也许不大适应，你也可以用巧妙的方法暗示他。比如给他送一个秋波，一个神秘的微笑，一副害羞的表情，都会引起异性的注意。如果他领会了你的用意，就会主动过来接近你，这样你就成功了。

你还可以利用机会，目不转睛地注视他的一举一动，向他发送"心电"。等到他发现你的视线时，你要立即将眼神调开，或者故意低下头，假装害羞、不好意思的样子。不过，不管你采用什么样的策略，都要谨记一条：大方，勇敢！

要勇敢地打消顾虑，大胆追求。不必担心他是否会喜欢你，这种顾虑只会使你心神不安，失去一次次机会。只要你勇敢地拨一个电话，勇敢地开口，也许问题就完全解决了。即使他态度冷淡，也没有什么了不起。事实上，一般男孩对这种敢于主动追他的女孩子都会感到很高兴，不会令你难堪的。

男人和女人在内心里对异性有了朦胧的向往后，无不希望引起对方的注意。如果你们的第一次交往很成功，那么你就要继续寻找增进两人关系的机会，可以想方设法为他制造一些惊喜。

例如，当你发现他的身体有些不适，或者脸色不好，就可以关心地问问他是不是不舒服，是不是感冒了，如果他是真的生病感冒了，你就应该乘机为他买药。男人对于女人的这种体贴和关怀，通常都会心存感激。

如果你比较内向、害羞，那么你可以写信、寄明信片。或者发电子邮件，打电话也可以。追求心爱的人，不在乎什么形式，只要你擅长就可以。

如果你追求的那个男人，身边同时还有其他的追求者，那么，在这个时候，你一定要有竞争意识，用你的才华和气质去竞争。

学习采取部分增强法。当他有良好表现时，不必每次都夸他，偶尔夸赞一番，效果会更好。偶尔失约或是若即若离，都能使他晕头转向。这样的刺激，会让他对你更着迷。

别让他对你太放心。在你和男友的关系到了一定程度后，你可以适当减少同他接近的次数，或偶尔和别的朋友游玩，当然不能太频繁。你的男友一旦发现这种情况，一定会顿生醋意，高度紧张起来，紧追你不放。

爱情有时候也需要降降温。不要一味地做爱的表白，可以兴致勃勃地谈些与他无关的事情，不要总是把注意力放在他身上，而要对身边的事物表现出极大的热情。结果，被爱的人被强烈的爱情燃烧起来了，该轮到他痴痴地等电话，赴约会，没完没了地表达爱意了。这样，你们之间的感情反而会升温。

学会为自己保留一点神秘感。太过坦白对增进感情并无帮助。恋人之间的吸引力来自对方的神秘感。保留一点个人的小秘密，令对方不时有新的发现，更可以巩固彼此的感情。

第二章
淡定来自修养

　　做一个淡雅的女人，珍惜并享受生命中那一份淡然的轻盈，从容地越过层层的荆棘，获得一个幸福人生。这种悠然自得、笃定自信是很多女人追求的理想状态。

　　每一个女人都有使自己淡定、优雅的潜能，但这是个漫长的修炼与积累过程，只要不断地学习和补充，灵活、明智地运用一些行为准则和做事指导，相信每一个女人都会成为一道靓丽的风景。

以平常之心对待人生

日本有个白隐禅师，他的故事在世界各地广为流传。其中台湾著名作家林新居撰写的《就是这样吗？》颇为感人。

白隐禅师是位生活纯净的日本修行者，因此受到乡里居民的称颂，都认为他是个可敬的圣者。

有一对夫妇，在他住处附近开了一家食品店，家里有一个漂亮的女儿。不经意间，夫妇俩发现女儿的肚子无缘无故地大起来。

这种见不得人的事，使得她的父母震怒异常！好端端的黄花闺女，竟做出不可告人的事。在父母的逼问下，她起初不肯招认那个人是谁，但经过一再苦逼，她终于吞吞吐吐说出"白隐"两字。

她的父母怒不可遏地去找寺中白隐理论，但这位方丈不置可否，只若无其事地答道："就是这样吗？"

孩子生下来后，就被送给白隐。此时，他的名誉虽已扫地，但他并不以为然，只是非常细心地照顾孩子，他向邻居乞求婴儿所需的奶水和其他用品，虽不免横遭白眼，或是冷嘲热讽，他总是处之泰然，仿佛他是受托抚养别人的孩子一般。

　　事隔一年，这位没有结婚的妈妈，终于不忍心再欺瞒下去了。她老老实实地向父母吐露真情：孩子的父亲是在渔市工作的一名青年。

　　她的父母立即把她带到白隐那里，向他道歉，请他原谅，并将孩子带回。

　　白隐仍然是淡然如水，他没有表示，也没有趁机教训他们，他只是在交回孩子的时候，轻声说道："就是这样吗？"仿佛不曾发生过什么事；即使有，也只像微风吹过耳畔，霎时即逝。

　　白隐超乎"忍辱"的德行，赢得了更多、更久的称颂。

　　想想我们所遇到的挫折或耻辱，比之白隐，又算得了什么？白隐泰然自若，淡然处世的情怀，真不愧为一代禅师！

　　"就是这样吗？"那么慈悲，那么轻柔。那是恒久的忍耐化为无形的坚毅，那是凡事包容化成无上悲悯。"就是这样吗？"无数的干戈，都化成了片片的玉帛。"就是这样吗？"短短的一句话里，蕴含了无限的慈悲与智慧。

　　白隐为了给邻居的女儿以生存的机会和空间，代人受过，牺牲了为自己洗刷清白的机会，受到人们的冷嘲热讽。但是他始终没有抱怨，而是选择温和面对、处之泰然，"就是这样吗？"这平平淡淡的一句话，就是对"宠辱不惊"最好的解释，反映了白隐的修养之高，道德之美，更体现了温和处世的一种至高境界。

　　再来看一个佛门的故事：

这是一个三伏天，禅院的草枯黄了一大片。"快撒点草种子吧！好难看哪！"小和尚说。

师父挥挥手："随时！"中秋，师父买了一包草籽，叫小和尚去播种。

秋风起，草籽边撒边飘。"不好了！好多种子都被吹飞了。"小和尚喊。

"没关系，吹走的多半是空的，撒下去也发不了芽。"师父说："随性！"

撒完种子，跟着就飞来几只小鸟啄食。"要命了！种子都被鸟吃了！"小和尚急得跳脚。

"没关系！种子多，吃不完！"师父说："随遇！"

半夜一阵骤雨，小和尚早晨冲进禅房："师父！这下真完了！好多草籽被雨冲走了！"

"冲到哪儿，就在哪儿发芽！"师父说："随缘！"

一个星期过去了。原本光秃的地面，居然长出许多青翠的草苗。一些原来没播种的角落也泛出了绿意。小和尚高兴得直拍手。

师父点头："随喜！"

在这里，随不是跟随，是顺其自然，不怨恨、不躁进、不过度、不强求。在这里，随不是随便，是把握机缘，不悲观、不刻板、不慌乱、不忘形。

人生不如意之事十之八九，这个纷杂多变的社会中，女人经常会遭遇不顺心的事情。这时，我们不需要抱怨，而是需要一种温和的处世智慧，坦然面对得失，得而不喜，失而不忧，把握自我，超越自己。

温和是优秀女人应有的一种修养和美德，而不抱怨则是幸福女人应有的一种处世态度。

如果你的修养和美德再加上你不抱怨的处世态度，就会结合成一种强大的力量，使你所向无敌。

在以往的社会，性子淡而从不选择抱怨的人或许会被别人看成是一个没有脾气和志气的人，但现在情况却有了改变，不抱怨已经成了一种流行的处事文化，理性和修养上、温和和坚韧才是人们立足于社会的一种精神品位和个人思想境界的崇高象征。

人生没有什么事会过不去

人的承受能力，其实远远超过我们的想象，就像不到关键时刻，我们很少能意识到自己的潜力有多大。同样，在我们没有遭遇到痛苦的时候，我们根本不知道自己能够承受住多大的打击。

人总是在遭遇一次重创之后，才会幡然醒悟，重新认识到自己的坚强和坚韧。所以，无论你正在遭遇什么磨难，都不要一味抱怨上苍是多么不公平，甚至从此一蹶不振。人生没有过不去的事，只有过不去的人。

曾经有这样一位农村妇女，18岁的时候结婚，26岁赶上日本鬼子侵略中国，在农村进行大扫荡，她不得不经常带着两个女儿和一个儿子东躲西藏。村里很多人受不了这种暗无天日的折磨，想到了自尽，她得知后就会去劝："别这样啊，没有过不去的坎，日本鬼子不会总这么猖狂的。"

她终于熬到了把日本鬼子赶出中国的那一天，可是她的儿子却在那炮火连天的岁月里，由于缺医少药，又极度缺乏营养，因病夭折了。

她的丈夫不吃不喝在床上躺了两天两夜，她流着泪对丈夫说："咱们的命苦啊，不过再苦咱也得过啊，儿子没了咱再生一个，人生没有过不去的坎。"

刚刚生了儿子，她的丈夫因患水肿病而离开了人世。在这个巨大的打击下，她很长时间都没回过神来，但最后还是挺过去了，她把3个未成年的孩子揽到自己怀里，对他们说："爹死了，娘还在呢，有娘在，你们就别怕，没有过不去的坎。"

她含辛茹苦地把孩子们一个个拉扯大了，生活也慢慢好转了，两个女儿嫁了人，儿子也结了婚。她逢人便乐呵呵地说："我说吧，没有过不去的坎，现在生活多好啊。"她年纪大了，不能下地干活，就在家纳鞋底，做衣服，缝缝补补。

可是，上苍似乎并不眷顾这位一生波折的妇女，她在照看自己的孙子时不小心摔断了双腿，由于年纪太大做手术危险，因此一直没有手术，所以她只能躺在床上了。她的儿女们都哭了，她却说："哭什么，我还活着呢。"

即便下不了床了，她也没有怨天尤人，而是坐在炕上做做针线活，她会织围巾，会绣花，会编手工艺品，左邻右舍的人都夸她手艺好，前来跟她学艺。

她活到86岁，临终前，她对她的儿女们说："都要好好过啊，没有过不去的坎……"

是的，人生中，没有过不去的坎，只要我们有良好的心态，咬咬牙，任何困难都会过去的。

没有谁的一生能够一帆风顺，如果你正在遭受你觉得不堪忍受的东西，哪怕是再大的不幸，也要相信一切都会过去，就像天空不会总是乌云密布，总有雨过天晴的一天。再坚持一会儿，就能看到明媚的阳光。

人生没有过不去的事，只有过不去的人。生活中我们不必去乞求，生活里不可能总是艳阳天，狂风暴雨随时都有可能出现。但只要我们有迎接厄运的勇气和胸怀，在低谷和挫折面前不低头，跌倒了重新爬起来，以勇敢的姿态去迎接命运的挑战，就能迎来人生的辉煌。

绝处尚有逢生的机会，风雨过后才有灿烂的彩虹，浴火后才有凤凰的涅槃。没有过不去的事情，只在于你有没有挺过去的信心和勇气。

适应生活，不是让生活适应你

不容否认，现实社会中确实存在着一些不公平的现象，面对这些现象，女人们该怎样正确面对呢？

著名学者吴思先生在他的代表作《潜规则》一书中对中国很多不能用正常思维去理解的社会现象做出了深刻的剖析，提到了"潜规则"在中国社会中的广泛性和普遍性。

我们大多数人都痛恨不合常理的潜规则，但在面对类似的问题时，几乎所有中国人又会不约而同选择对自己收益最大的潜规则，这看起来是个二元悖论，但生活在这个社会最好还是照着去实行，否则的话就有可能被整个社会所孤立，甚至碰得头破血流，当然，前提是不要违反做人的基本道德准则。

先来看一个例子：

初夏的某一天，茶余饭后，有一位大学老师戴上老花镜，跷起二郎腿，看起简报来了……看完之后向一旁的学生大发感慨。

"某某市某某厂一青年技术员，刻苦攻关两年，发明的专利技术被厂长巧取豪夺，青年人据理力争，结果备受迫害……"

"唉！"大学老师长叹一声，"年轻人真是不经事。厂长固然可恨，青年人也是可气，他要是早遇着我就好了。"

是的，这样的事也一样发生在这位大学老师身上，效果却天差地别。

几十年前，这位大学老师毕业后被分配到一家研究机构工作，正值青春年华，满怀豪情壮志，他三伏九寒勤耕不辍，一年半过去，嘴巴两边长长的胡须掀动着自豪，他终于设计出一台简易降耗的减速装置！

然而没过多久，欣喜却被不平代替，研究所所长技术平平却手腕通天。为了获取"名誉"暗度陈仓，对他恩威并施。要以发明的主要技术负责人自居。条件是利益共享，而大学老师将很快被提级重用。

　　这位大学老师在闷睡三天后，故作爽快地答应了所长的要求。于是，所长的名字在专利证书上烫下了金色的"永恒"，他也被暗地"擢升"为技术科长，他的才干也逐渐发挥……

　　面对几乎相同的"不公平"，青年技术员据理力争却备受迫害，大学老师选择"坦然"接受，并在这个基础上取得了更大的成就和发展。愚蠢与高明由此可见一斑。

　　不可否认，在我们的生活和工作中，很多不公平的确是客观存在的。既然我们没有办法求得事事公平，那么面对不公平该如何调整自己的心态呢？

　　首先，我们要做的就是用平静的心态对待"不公平"。世界上的不公平是常有的事，甚至是一种常理：恶狼张着血盆大口扑向羔羊……凶神恶煞般的秃鹰在高空盘旋，伺机向地面的猎物发起攻击……就连高呼争取平等公平的人们也在不停地宰杀着他们柔顺的牛羊……牛羊何罪之有？

　　不公平是大自然的本性，不公平绝不仅仅发生在我们身上，柔弱的我们能够在一生"不公平"下保存自身已是难得，何必以卵击石，求不可得的公平呢？魏征忠谏，明君太宗有所恨，范蠡帮助勾践建业，功成却只能身退，因而免遭了一场杀身之祸。公平何益？我们要出局观局，平心待之。

　　其次，要认真分析权衡这"公平"与"不公平"的得失差。有能力与"不公平"搏一场而无损，则直击"不公"何妨，否则，学学那位大学老师，从另外一个角度对待"不公"。虽然失去了发明专利权，却也实实在在得到了很多。

作为科技负责人，他有了更多的机会和权利组织研究，做出了更多的成就，作为利益共享人，他以毕业时不名一文之身瞬间富绰。这些比那专利上的虚名来得更为实在。

如果他当时顽固地坚持公平，那么，将会同报上那个技术员一样备受压制和排挤。"忍一时之急，享知足实果"，此计此策，要那虚有的"公平"作甚？恶狗饥肠，分一块馒头给它，免了它的痛咬，何乐而不为呢？

第三，虽说"公平"虚有无益，却不是要逆来顺受，也要有所争。不能让他吃了鱼就不卡一点刺，认为你软弱可欺。给狗填满嘴巴，然后再猛踢一脚，让它有所畏，有所忌，最为有效！

当然，随着法制的逐渐健全，用法律的手段维护自己的权利亦成了人们的一种选择，只是法律依然不能解决所有的问题。在面对不公时，仔细权衡利弊得失，如若你能做到"适应能够适应的，改变能够改变的"，便真的成了处世高手了。

绝对公平在这个世界上是不存在的，女人如果因为遭遇了不公平而整天耿耿于怀，那么受苦的只会是你自己。面对不公平的待遇，请记住一句话：个人只能学着去适应这个社会，而不是妄想让这个社会去适应你。

当然，在可能的时候，我们也要努力尝试着用一些积极的方法改变可以改变的不公平遭遇。

懂得原谅，才会活得轻松

　　原谅别人，说起来容易做起来难，但是原谅别人对于一个女人来说确实是非常必要的。当一个女人在原谅别人的时候，不管是她的心情还是她的身体都会处于一个比较轻松的状态。一个懂得原谅别人的女人，才能让自己活得更轻松。

　　生活中有很多"知易行难"的事情需要去面对，如果将这些难事通过一定的途径解决后，将会对我们的身心健康大有益处。原谅别人就是这样一个课题。

　　很多女人在面对别人伤害的时候，有的选择了逃避，有的选择了怨恨，有的则极端地选择了报复。那么，是什么样原因让这些女人们如此难以做到去原谅别人呢？

　　喜欢责备别人常常也会成为女人不去原谅他人的帮凶。有的女人在心里会产生"我因你们而受辱，我有责备、不原谅你们的理由"的心态。

　　以往是形影不离的好朋友、山盟海誓的爱人、亲密无间的战友、一同打拼的同事，但是当她们之间产生了严重的误会、背叛和利益摩擦的时候，或者是被对方无辜地冤枉、误会甚至是欺骗的时候，都会让另一方有深深的受伤感。

　　一个人在受到严重伤害之后，会在情绪上感到没有足够的力量诚恳地去说"我原谅你"，这就是无力的原谅。无力的原谅会使难以计数的人不能原谅他人，最后形成惯性，久而久之，中断了人际联系，破坏了人与人之间的关系。

无法原谅别人就这样成为人与人之间交流的最大障碍。所以，要试着让处于事件中心的自己学着去原谅别人的过失，这样才能够在自己和别人之间建立起一座美好的桥梁，融化濒临僵硬的人际关系，同时对自己的健康也大有益处。

原谅别人，也是对待自己的最好方式。因为释放了自己，才能有健康自由的心态，也才能获得更多的幸福。

阿美和小丽经常吵架，吵到最后，原本很好的朋友，却因一次次的争执，而成陌路。

阿美是重视隐私的人，小丽是喜爱分享的人，常常是阿美向小丽说些秘密后，小丽又说了出去。阿美一次次地忍耐，小丽一次次地再犯。

最后，天真的小丽说："把过去的一切都忘掉，我们重新来，我愿意改！"

你想，有可能吗？发生的一切都已发生了，小丽只想要阿美忘掉。那些信任已被小丽一次次地破坏了，现在，小丽要求一切重来，如果你是阿美，你愿意吗？

阿美不愿，小丽也很气："她就是不肯原谅我。"

小丽忘了，原谅这个东西是不能要求和勉强的，越是如此，越是得不到。也许，小丽该做的只是道歉。她如果愿意道歉，一切都会有所不同，但她自觉没有错，阿美的态度也令小丽不满了，所以，小丽也不愿原谅阿美。

阿美和小丽因为不肯原谅而失去了美好的友谊和快乐的心情。如果她们能彼此谅解一下，结果也不至于如此吧。

有一位台湾作家曾给我们讲述了这样一例故事：

有一个妇人，平时温文有礼，也很懂得持家，常常一大早就在家门口洗衣服，但她有一个不定时发作的毛病：发疯。

她可以黄昏时拿着菜刀、棍子在家门口破口大骂；也可以一大早就如此。刚开始，人们以为那是谁家的广播剧，后来才知道，是这位妇人在发泄情绪。

她最常骂的是："我不甘心""你这疯人，总有一天有报应""你出门给车撞死""你怎么可以骗我……"

妇人曾被信任的朋友骗过，向她借钱，借了之后人家就跑了。妇人初期是不能接受，但也算平静，十多年后就成了如今模样。十多年来她不能原谅朋友，将怨气积在心中，将自己积出病来。

有人给宽恕做了一个十分美的比喻，他说："一只脚踩扁了紫罗兰，它却把香味留在那脚跟上，这就是宽恕。"我们常常在自己的脑子里预设了一些规定以为别人应该有什么样的行为，如果对方违反规定就会引起我们的怨恨。

其实，因为别人对我们的规定置之不理，就感到怨恨，是一件十分可笑的事。大多数人都一直以为，只要我们不原谅对方，就可以让对方得到一些教训，也就是说：只要我不原谅你，你就没有好日子过。

而实际上，不原谅别人，表面上是那人不好，其实真正倒霉的人却是我们自己，一肚子窝囊气不说，甚至连觉都睡不好，没多久就积出病来。

觉得怨恨一个人时，你不妨闭上眼睛，体会一下、感受一下你的身体，你会发现：让别人自觉有罪，你也不会快乐。

讲到这里，你或许会问：如果有人做了非常恶劣的事，我还要原谅他吗？那么再给大家讲一个故事。

有一名精神病患者持枪冲进麦迪太太家，射杀了她三个花样年华的女儿。这场悲剧使麦迪陷入痛苦的深渊，几乎没有人能体会她的悲痛与愤怒。

随着时间的流逝，她在朋友的劝慰下体会到，要使自己的生活恢复正常，唯一办法是抛开愤怒，原谅那名凶手。后来，麦迪把所有时间用来帮助别人获得心灵的平静及宽恕他人。

悲怨和仇恨只会让你在前行的道路越走越远，最后是走火入魔。别让怨恨占据了你的心扉，怨恨多了心中便失去的光明，赶走你自身的福气。

懂得宽恕和原谅别人才能获得内心的解脱，无论你遇到的人是多么不可原谅，甚至他还伤害过你，但是你一定要宽恕他，宽恕别人就是宽恕自己，是最大的福气。心中放下怨恨才会看到幸福，轻装上阵才能更好的前行，一旦把别人的过错当成垃圾堆积在自己心中，受伤的永远是自己。

心胸与痛苦的大小成反比

如果痛苦是一勺盐，我们用什么容器来盛，是水杯，是盆，还是池塘、河流，而这决定了痛苦带给我们的感觉。

从前有一位大师，他有一位徒弟每天都愁眉苦脸、喋喋不休地抱怨。有一天，他看到徒弟又是一脸苦瓜相，就让他去取一些盐回来。

当徒弟很不情愿地把盐取回来后，大师就让徒弟把盐倒进一个水杯里，搅拌使其溶化，然后喝一口。徒弟喝了一口立即吐了出来，皱着眉说："咸死了。"

大师笑着让徒弟带一些盐和自己一起去湖边。来到湖边后，大师让徒弟把盐撒进湖水里，又对徒弟说："现在你喝点湖水。"

徒弟喝了口湖水。大师问："有什么味道？"

徒弟回答："很清凉。"

大师问："尝到咸味了吗？"

徒弟说："没有。"

于是，大师坐在这个喜欢自怨自艾的徒弟身边，意味深长地说："其实人生的苦痛和悲伤就如同这些数量有限的盐，而这些痛苦和悲伤的程度取决于我们承受痛苦和悲伤的容积的大小。

　　　　所以当你感到痛苦和悲伤时，就把你承受的容积放大些，不是一杯水，而是一个湖的时候，你就不觉得痛苦和悲伤了。"

　　的确，很多时候，人们陷入痛苦不能自拔不是因为那个痛苦本身有多大，而是因为我们盛放它的心胸太小了，无意中放大了痛苦。可以说，心胸与痛苦的大小是成反比的，如果一个人能够做到心胸宽广，那么他心里的痛苦就显得很渺小了。

　　如果他的心胸狭窄，那么在他心里就会有许多的想不通，许多的抱怨，痛苦的折磨就会随之变大。

　　　　有位农妇，不小心打破了一个鸡蛋，这本是一件再平常不过的小事。

　　　　但是，这位农妇是一个心胸非常狭窄的人，她没有仅仅停止于鸡蛋的思考，而是将自己的思路一直延伸了下去：一个鸡蛋经孵化后就可变成一只小鸡，若孵出来的是母鸡，长大后又可以下很多的蛋，蛋又可孵化很多鸡。而鸡又会下蛋，蛋又能孵鸡……

　　　　最后，农妇大叫一声："天哪！我失去了一个养鸡场。"

　　可以想象，农妇会为失去一个鸡蛋感到多么痛苦。这也就说明心胸小了，痛苦的感觉就重了，要想淡化痛苦，就要放大承受痛苦和悲伤的心胸，那么如何成为一个心胸开阔的人呢？

　　第一，适当放大自己的奋斗目标。影响一个人心胸、气度的因素中，奋斗目标的作用最大。一般认为，伟大的领导都是虚怀若谷、"宰相肚里能撑船"的人，因为他们具有宏伟的目标，眼前的得失根本没有看在眼里。

所以，一个人想具有宽广的胸怀，首先应该树立切合实际的、比较远大的目标。这样才不会为了眼前一点小的利益而斤斤计较。

第二，建立融洽的人际关系。事实证明，一个人与周围的人关系越融洽，心胸则会越宽广。

比如，与朋友沟通，其乐无穷；与家人沟通，亲情融融；与同事沟通，合作愉快；与老板沟通，获得青睐……

第三，学会忘却。有这样一句话：忽略，是迷踪式的进取；忘记，是太极般的宽容。事情过去了，就让它成为真正的过去，没必要长期积压在心中用忧虑为其陪葬。

第四，学会放松。如今的社会压力剧增，尤其是生活在都市的人群，如果不懂得缓解压力，就容易被其压垮，失去好心情以及身体的健康。因为诸事不顺，心胸自然也无法宽广起来。

所以，要学会放松，高位不如高薪，高薪不如高兴，心情好了，一切都会变得美好起来。

第五，用快乐之水冲淡苦味儿。人的精力总是有限的，快乐的事情想得多了，不快乐的事情肯定想得少。相反，不快乐的事情想得多了，快乐的事情肯定想得少。

正因为这样，有些人虽然也有许多痛苦，但因为他们的专注点和兴奋点，都在寻找快乐上，用快乐之水冲淡了苦味儿，所以他们的心是快乐的。

一盆水，一只猪苦胆，把胆汁滴入水盆中，那浓绿色的胆汁在水

中散开，很快便不见了踪影。胆汁入水，味已淡，人生何不如此？只
有我们把承受痛苦的心放大了，痛苦才会淡化。

用宽容和爱心终结抱怨

生活中免不了会有抱怨，抱怨最容易感染和循环。当你遇到抱怨
循环时，你是继续传递他，还是用宽容和爱心去终结他？

　　一家公司老板因为公司的一些事正在气头上，他对公司
经理大声呵斥。

　　经理回到家对妻子大声呵斥，说她太浪费了，因为他看
到餐桌上的饭菜太丰盛了。

　　妻子对儿子大声呵斥，因为他干什么都磨磨蹭蹭。

　　儿子对保姆大声呵斥，因为保姆打碎了一个碟子。

　　保姆没好气地去扔碎碟子，伤着了一位行人。

　　行人是一位妇人，她在一番吵闹后赶紧去医院治伤。她
对护士大声呵斥，因为护士上药时弄疼了她。

　　护士回到家里对母亲大声呵斥，因为母亲做的饭菜不合
她的口味。

　　母亲并不生气，只是温柔地对女儿说："好孩子，明天
我一定做一顿合你胃口的饭菜。你忙了一天，一定很累，吃
了饭就休息吧，我给你换了一床新被子，你一觉睡到天亮，
明早起来心情一定会好很多……"

抱怨循环终于化解在浓浓的亲情里。

抱怨不止，我们就无法超越痛苦。在生活中，你是否也曾遇到过与之类似的抱怨循环呢？

在现代社会中，工作的压力、生存的烦恼、沟通的障碍、情感的波折、出行的不顺等各种生活大小事件，常常压得我们透不过气来，于是，我们经常会把亲近的人当作出气筒，将别人转给我们的怨气转给他们，他们又转给另外的人，不知不觉间就进入了抱怨循环的怪圈。

事实上，抱怨最没有益处。有不好的事情发生了，我们抱怨，抱怨完了以后，另一些不好的事情又发生，于是我们又再抱怨……这样的循环不止，令我们永远也不能超越痛苦。

如果说冤冤相报的怪圈，因充满了敌对情绪而使人有所警惕的话，那么生活中的抱怨循环怪圈，则由于缺少与对立面之间的直接交锋，因而更容易让人忽视其潜藏的危害性。

一切可能是无声无息式的，但一切又是在逐渐变化着的。以至于有一天，我们会认为那是一种必然，一种别无选择，是一种正常现象。

抱怨循环对我们的生活具有极大的破坏性。它可以悄然地破坏我们与亲人朋友之间原有的亲密，可以不知不觉地硬化人们的心灵。更多的时候。

它可以使卷入其中的人受到越来越多的误会和越来越重的伤害。因此，我们必须寻找化解抱怨循环的机会与方法，走出怪圈。

其实，在上面的故事中，老板之后的每个人都有机会让抱怨停止，可是他们都没有释放爱心，没有理解他人。一直到护士的母亲，母亲用她的博爱与宽容，使可怕的抱怨循环到此为止。

如果你持一颗宽容的心，忍下了一时之气，那么你就是抱怨循环的终结者，避免了抱怨对你的亲人朋友的伤害；如果你以善意的理解和关爱改变了抱怨的本质，那么你将是抱怨循环的终结者。

心理学家的研究表明，许多人之所以无法取得成功，其中最为重要的一个原因就是情绪沮丧、低落、抑郁。不难想象，一个整天快乐、积极工作的人，一定会比一个整天沉浸在悲伤、抑郁中的人工作效率高得多。

由此可见，愁眉苦脸、满腹牢骚只会阻碍我们事业的发展。因此，请牢记：千万别让抱怨影响你的发展。

李娜和夏丽是大学同学，两人大学毕业后，因为一时找不到合适的工作，最后一起进了一家百货公司做营业员。别人都认为她们做营业员太可惜，但李娜却并不这样认为，因此一直很珍惜这份工作，用认真的态度对待工作，一丝不苟。

李娜热情周到的服务很快便得到了顾客和领导的好评。而夏丽却在众说纷纭中开始飘飘然，抱怨起工作环境和薪水来。看这不顺眼，看那也不满意，整天唠唠叨叨，在不满中消磨时光，于平庸中虚度生命。

李娜所在的柜组前面有道很不起眼的台阶，时常会有顾客经过时不小心被绊一下。所以每当有不知情的顾客经过时，李娜总是善意地提醒一句"请您小心前面的台阶"，顾客也总是感激地对她笑。

夏丽见了，总是笑她多此一举，认为那些人又不买自己柜组的商品，管那闲事干吗。李娜对此也从不争辩，总是一笑置之，然后下次继续提醒每一个路过的人。

　　有一天，公司老总进行巡视时正巧经过那道台阶，李娜还是像以前一样习惯性地提醒说"请您小心前面的台阶"。

　　老总先是一愣，但很快便明白了是怎么回事，他并没有说什么，只是看着李娜，脸上流露出一种赞赏的笑容。

　　很快，李娜便被提升为柜组组长，在一年之后，李娜当上了这家公司的副总经理。夏丽因为工作态度的问题，最后丢了工作。

　　由此可见，一个人如果整日怨气声声、郁闷难消，不但不能让自己完全地投入到工作当中，影响工作的进度，同时，也会给周围的同事带来不愉快的气氛。

　　人之所以达不到以他们的才能原本可以达到的目标，就是因为他们让才能成为自己任意宣泄情绪的牺牲品，他们的沮丧不安、怨声载道影响了他们的发展。

　　因此，为了肃清我们前进道路上的障碍，就一定要摆脱抱怨的困扰，放下不满情绪，让自己的心胸开阔起来。大多数人都喜欢和不爱抱怨的人在一起工作、生活，没有人喜欢抱怨者，你的抱怨只会让别人对你敬而远之。

自爱的女人，人皆爱之

　　我们常常会看到一些年轻的女人，她们把自己打扮得花枝招展，但却丝毫无法引起人们的喜爱。因为，在那异样的美丽背后，似乎总隐藏着什么。

反而，那些不加任何修饰、不刻意掩盖自己瑕疵的普通女人，常常会受到人们的喜爱和尊重。自爱的女人，人皆爱之。

她们的美丽，不是为了炫耀，不是为了虚荣，更不是谋取廉价的赐予，她们的心灵世界没有任何污染，不存在任何非分的企图。

从美学意义上讲，美丽的女人因其自重而更具魅力。

毫无疑问，我们所欣赏的女人，一定是自尊、自重的女人。

一个懂得自爱的女人，首先会非常珍爱自己的生命。因为只有建立起珍爱自己的信念，才会树立积极的人生态度，变得奋发向上。

另外，自爱的女人总是用良好的道德规范约束自己，让心灵免受物欲和邪欲的污染。

她们深知，生命与名誉是无价的珍宝，自己应好好地珍视，如果失去了这些，女人就会变得轻浮，即使再美若天仙，也会花容失色，失去魅力。

女性在生活的道路上并非一路平坦，有时也会受到外界的干扰，使她们迷失方向。所以，重要的是把握好自己的方向。

在生活和工作中，年轻的女性也应保持自爱、自尊的品格，这样做才会让人们对你敬爱有加。

首先要认清自己的位置。人们只会被那些重视自己而又富有感情的女性所吸引。所以，你只要保持自己的风格，不有意迎合别人和扭曲自己，表现出真诚，面对别人时，不卑不亢，而又不失女人味就可以了。

其次你的表现要亲切大方。女性天生具有细心的品质，对于那些拖拖拉拉的男人，你可帮助他们整理整理文件，清扫清扫卫生，要表现得自然些，给人一种亲切大方的感觉。要经常保持适度的笑容，切不可过分媚笑，那只会令人反感。

另外，最好不要打性感的招牌。在与人交际的过程中，女性不应表现出具有诱惑性的动作，也不可穿过于暴露的衣服。那只会让人们认为你是在卖弄自己，根本没有什么价值可言。只有保持正派的作风，人们才会看重你，赏识你。

所以，女性应做一个正派的女职员，依据自己的能力和学识在公司站稳脚跟，并获得良好的发展。

除此，应对流言是女孩自爱要面对的必修课。

流言是自重女人的最大敌人，人言的确可畏，它是一把杀人不见血的刀。有的女人在流言面前倒下，有的却是越挫越勇。

你可以采纳下列方法来对付流言，使自己拥有一个良好的环境：

一是置之不理，随他说去。鲁迅先生说："人应该学一只象。第一，皮要厚，流点血，刺激一下也不要紧。第二，强韧地慢慢走过去。"

对于那些制造流言的人，最好的对策就是他无论怎么说，你只管一直向前走，走到与他之间的距离拉大了，他自觉无趣也就罢手了。你不必因此而耗费精力，不妨以一种"一览众山小"的豪迈，看待流言。

要知道，流言毕竟是流言，只要经过时间的考验，它就会不攻自破。只要你能坚持到底，流言便会无影无踪了。女性不可以用轻生来维护名誉，生命是我们每个人都应珍惜的，为了那几句小小的流言，牺牲生命是不值得的。

外国有句格言："不加理会的谣言很快就会平息，如果你表示受到了它的伤害，便会赋予它真实的面貌。"所以，最好的办法就是随他说去。

二是凡事想开点，准有收益。人的一生只有一次，又是如此的短暂。面对生活中的诸多选择你也只能选择一次。所以，要学会忽略那些该忽略的东西，否则，就会背上生活的重担，压得你喘不过气来。

英国哲学家弗兰西斯·培根说："那些饶舌者都是空虚、可恶的人物。"可见"流言止于智者"，智者是不易被流言所迷惑的。

偌大一个世界，那些空虚的人毕竟是少数。所以，你大可不必为此伤神。

年轻的女人在人生的道路上刚刚迈步，难免会受到各种各样的攻击和诱惑，重要的是应用自爱来时刻武装自己，使自己正确地导入航线，不被外界所打扰。这样的女人永远具有独立的人格和特有的魅力，是人们所欣赏的。

完善自我，做最好的自己

每当我们看到有人遇事不慌、处变不惊，谦虚、大方地为人处世时，我们心中就会油然而生一种敬仰。一些人举手投足，一举一动、一言一笑，甚至是一声问候，都会带给人一种亲切、舒服、和谐、美妙的感觉。

这种美，不在外表，不管你的容貌是美还是丑，不管你的身材是高是矮；这种美，不做作，不用你刻意模仿；这种美，不装饰，不用穿名牌、戴名牌；这种美，无时无刻不散发着一种极其诱人的人格魅力。这正是一个有修养的人的具体表现。

女性朋友，你的修养如何呢？你是否也想提高自己的修养呢？我们先来看一个小故事吧。

　　一个星期三，这天我吃完午饭，一个人慢慢腾腾地往教室走，经过学校楼梯口的垃圾箱旁时，发现一个熟悉的身影正蹲在地上。

　　我好奇地走过去，原来是陈玉柳同学看到垃圾箱旁边掉落了许多橘子皮，正在把它们一个一个捡进垃圾箱里，我看了连忙帮她一起捡。

　　就在我们快捡完时，一块橘子皮从天而降，掉在了地上，是一个小男生扔的，他顿时满脸通红地站在那里低下了头。

　　陈玉柳看了他一眼，不动声色地把地上的橘子皮捡进了垃圾箱。我有些生气，但陈玉柳站起来，对小男生笑了笑："不要那么害怕，我知道你明白自己的错误了，下次不要再犯了，知道吗？我相信你！"

　　"嗯！"小男生有些紧张，但从他的表情能看得出他想要改正错误的决心。

　　在洗手时，我有些不解地问她："陈玉柳，那块橘子皮是从你头上飞过的，你不生气吗？"

　　"有什么好生气的？"陈玉柳依然带着微笑说，"犯错误没关系，主要是要改正，而且宽容也是一种修养啊！"

有时候，修养真的是很简单，也许就是一弯腰的高度，或是一个垃圾箱的距离。如果我们做不到，那只能说我们的个人修养还有待提高。而这个陈玉柳同学的修养，值得我们好好学习。

人都是一块未经雕刻的璞玉，要想完美，必须在生活中学习、实践中反思，加强修养，完善自己。纵观历史上有成就的人，都是具有极高修养的人。

修养是个人魅力的基础，其他一切吸引人的长处均来源于此。修养是指一个人为人处世的正确态度，以及在思想领域的水平造诣，是一个人综合能力与素质的体现。修养是文化、智慧、善良和知识所表现出来的一种美德，是崇高人生的一种内在的力量。讲究情操修养，是我们中华民族的传统。

修养是指一个人在科学文化、艺术、思想品德等方面达到一定的水平，通常也是一个人综合能力与素质的具体表现。我们摸不着它，看不到它，但却可以从有修养的人的身上感觉到它。

简而言之，修养是一个人品格的锻炼和培养。它是一个长期的过程，每个人都欣赏良好修养所自然流露出来的美。

品格与人的关系，就像大树与树根的关系，只有树的根系发达强壮，树干才会枝繁叶茂，才能经受风雨的洗礼，大树才能长成参天大树。

做人也是有根儿的，人的根儿就是品格。做一个好人，一个有修养的人，首先要有一个好根儿，就是要有好的品格。这样的人，才能经受艰难险阻，修成正果，成为一个有修养的人。

要想成为一个有很高修养的人，自身必须具备很多优秀的品格。一个人，有什么样的品格就会做什么样的事。一个随地吐痰、乱穿马路的人，就缺少遵纪守法的品格。

品格是可以后天养成的，这也正是为什么我们要不断学习的意义所在。只有不断地学习，人才能不断地进步，才能提高自身素质，成为一个有修养的人。

　　良好的个人修养是多少人一生的追求。而如何提高个人修养呢？女性朋友请牢记"谦虚、尊重、宽容"三原则。

　　谦虚，就是不要自以为是，时刻把自己摆在低的位置。这在比自己强的人面前，在谦虚的人面前很容易做到。但在某些方面不如自己或能力强却傲慢的人面前就往往难以做到。

　　须知，只有在某些不如自己或能力强却傲慢的人面前依然保持低调，才是真正的谦虚。

　　尊重，对一切人的尊重。周恩来身为总理，但对所有人都十分尊重，因而受到各界人士、广大民众的拥戴。在与人打交道时，要尊重对方的人格，尊重对方的习俗，尊重对方的感受，尊重对方的需求。要提高个人修养，必须学会尊重。

　　宽容，就是要有海纳百川之胸怀。而对于伤害过自己的人，要学会谅解，容人之短、容人之过，会使自己的心灵更加净化，品位得到升华。宽容是衡量一个人精神是否成熟、心灵是否丰盈的一把标尺。

　　修养是一盆火，融化了结冰的心；修养是一杯酒，温馨了陌生的人；修养是一阵春风，吹绿了人生的季节；修养是一道阳光，照亮了前进的道路。

　　假如说修养是一种精神，那便是一种令人高山仰止，倍觉浩渺宽阔的精神；假如说修养是一种智慧，那便是一种不乏博大深邃的智慧；假如说修养是一种姿态和风度，那一定是一种"君子化"的姿态和绅士般的风度！

　　女性朋友们，让我们背起智慧的行囊，驾起修养的风帆，向更高更远的目标，起航前行吧！

女人的优雅从来不能模仿

　　每一位女性都希望自己有优雅的风度，因为优雅的风度能给人留下美好的印象，优雅的风度折射的光辉最富于理性，最富于感染性。一个女性可以没有华服装扮的魅力，可以没有姿容美丽的魅力，也可以没有仪态万方的魅力，但一定不能缺少优雅的风度。反过来说，一位具有优雅风度的女性，必然富于迷人的持久的魅力。

　　聪明的女性不是不要镜子，而是能够从镜子里走出来，不为世俗偏见所束缚，不盲目描摹他人所谓的风度之美。

　　一位具有优雅风度的女性，必须富于迷人无形的感染力。风度神韵之美是充实的内心世界、质朴的心灵付诸于外的真挚表现，产生有形而无形的强烈感染力。

　　风度美要求有潇洒的身形和质朴的心灵作载体。"质朴"是一种自我认识、自我评价的客观态度。

　　质朴的女性，总是善于恰如其分地选择表达自身风情韵致的外化形态，使人产生可信的感受，她们就是她们自己，她们不试图借助他人的影子来炫耀自己、美化自己。所以，她们的风度之美，往往具有一种质朴之美。

　　"真挚"是一种诚实、真实、踏实的生活态度。她们对人对事不虚伪，不狡诈，又肯于给人以诚信。真挚的女性，对自己的风度之美既不掩饰也不虚饰，对他人美的风度既不嫉妒也不贬斥，而是泰然处之，使人感受到一种真正的潇洒之美。

因此，你要保持和发展自己的风度之美，就得纯化你的语言和洁化你的举止，否则，也会使风度之美从你身边悄悄溜走。

风度美是高层次的美。它使人精神振奋，动人心魄；它令人敬慕，终生难忘，它唤醒美的意识，认识人的尊严，它是生活的灵秀，心神的凝聚。

优雅的风度是内在的素质形之于外表的动人举止。这里所说的举止是指工作和生活中的言谈、行为、姿态、作风和表情。

但优雅的风度源自何处，它固然与姿态、言行有着直接的关系，但这些只是表面的东西，是风度的流而不是源。仅仅在风度的外在形式上下功夫，盲目效仿别人的谈吐、举止及表情的话，只能给人留下浅薄的印象。

实际上，优雅的风度来源于一定的知识和才干。良好的风度需要一个强有力的后盾支撑着它，这个强有力的后盾就是丰富的知识和才干，风趣的语言、宽和的为人、得体的装扮、洒脱的举止等等，这些都体现出一个人内在的良好素质。

然而，要真正能熟练运用语言，还有赖于智能的提高。当你的智力在敏捷性、灵活性、深刻性、独创性和批判性等方面得到了发展，你在知觉、表象、记忆、思维等各方面的能力就能得到提高，加之你拥有丰厚的涵养，那么，优雅的风度就自然而然地为你所拥有了。

有品位的女人最淡雅

女人的品位，是时间打不败的美丽。正如作家黄明坚所言："女人是一种指标，如果女人都散发出品位，社会自然成为泱泱大国。"

女人的品位是一个女人气质内涵的外在表现。

一个人的品位是与其环境、经历、修养、知识分不开的。女人在年轻时，只有有意识地培养良好的修养，积累丰富的知识，才能有充实的内心世界，才能表现出高尚的思想和高雅的气质魅力。

有品位的女人乐观向上，她拥有高雅的爱好和情趣，会用自己的眼睛发现身边的美，并用心去感受它。她有丰富多彩的内心世界，她兴趣广泛、人文素养深厚、学识渊博。

当她们谈起话来，古今中外，信手拈来，旁征博引，才华横溢。她们像一部百科全书，有探索不尽的无穷宝藏，却无丝毫酸腐的陋习俗气。她们举手投足之间都挥洒出艺术的才能、淑女的风范。

有品位的女人不在乎人生的功利，她们为自己营造平和的心境，随遇而安，不强求身外之物，不愤世嫉俗，面对物质的诱惑、世俗的刺激，待之安然。她们在人生崎岖的旅途中，学会自我安慰，自我松绑，自我释放，自我陶冶。

她们时而徐然缓行，时而静立池边，时而低头漫想，时而凝神远望，让内心回归自我，让心灵更趋完美。有品位的女人有独立的思想和人格，绝不会人云亦云、随波逐流。

她们恰如绵绵流畅的散文诗，不低下，不媚雅。她们痛恨粗俗，而把气质奉为精神风骨。

她们在形神之中给人制造第六感觉，这种感觉如一瓶名贵香水，无形中发散出芳香。

有品位的女人是善良、机智的，又是成熟、稳重的。她们待人真诚而不虚伪，心性热情而不浮躁。在喧嚣的人群中，她可能是一个沉默者，但绝不是个麻木者。

她们时时都有适合风情的浓度。当她成为恋人时，她多情妩媚；当她成为妻子时，她温柔细腻；当她成为母亲时，她宽宏博大，能成为一把伞、一棵树；当她容颜渐老时，虽然风韵犹存，但毕竟经历了太多的人生沧桑，她的风情变得醇厚、浓重。

女人的品位是真挚的博爱和慈善的宽容；女人的品位是浓郁的书香和美的诗韵；女人的品位是画，女人的品位是诗，女人的品位是乐曲。一个女人有了高尚的人格，她的品位必然高雅清新，焕发青春活力，生活必定多姿多彩，充满阳光。

女人可以容忍男人有种种缺点，却不会容忍男人无所事事。反之亦然，男人可以容忍女人没有工作，没有收入，没有好的家世相貌，但，绝不会容忍一个不学无术的女人作为自己的另一半。

不学无术的女人失去了自身的魅力，更谈不上品位。一个只会注重着装打扮的女人，其内涵是空虚的，底蕴是单薄的。想要依靠男人的女人是脆弱的，她失去了自我，成为别人手中的玩偶，命运之线也就操控在别人的手中。真正有品位的女人，绝对不会让自己陷入如斯境地。

年轻的女人若渴望成为一个有品位的人，就应当热爱生活，追求有品位的生活，做一个优雅与别致的女人。

品位的培养其实并不复杂，每一个注重细节的女人，都有机会成为品位女人。一瓶花、一杯茶、一首歌……都可以在无形中烘托出一个品位女人。

所以，对年轻的女人无须要求太多，只要你至少有一样很在行，就可以升华你的品位，提升你在别人眼中的形象。

仔细想一想，我们可以有多项选择，例如插花、茶道、音乐、厨艺等可以学的东西，只需一样，就可以让平凡的女孩产生不平凡的亮点。

把大自然的绿色和鲜花带回家，自己动手布置，可以调剂生活、陶冶情操。在安静的房间里，看着摊开一桌的香艳花草，赏心悦目，为平凡的都市生活增加典雅的意味。

在假日悠闲的午后，沏一壶绿茶，闭上眼睛，走入音乐的世界。想象自己正漫步在斜阳下的山坡上，沐浴着清香的微风；或是静坐在斜阳西照的花园里，回想往事……经典音乐，使女人如醍醐灌顶，一切烦躁都变得云淡风轻。

好茶一壶，能让女人的心更加宁静，散发柔美内涵和女人独有的味道。在纯净之余，还会领悟到其他东西。闲暇之余，泡一壶好茶，约两三知己，一盏香茗，促膝清谈，只谈风月，无关名利，享受这滚滚红尘里片刻的柔软时光。

系上漂亮围裙，挽起缕缕长发，走进清淡雅致的厨房，切丝削片，快炒慢炖之间打点出曼妙美味，或是煲一锅好汤，与心爱的人一起分享，又何尝不是女人的另一种韵味呢？为了爱，倾尽手艺，烧一桌好菜，更能使女人赢得爱人的心。

……

这些方式除了提升女人的品位之外，还让女人自身感受到一种幸福与满足。

晓月是一家知名房产集团的副总裁，同时，她也是一个拥有绝佳品位的女人，这不仅体现在她的穿着打扮和言谈举止上。

几年前，她偶然间来到一处城市之外的桃源：到处都是高大的树木，月光下，风吹着树叶沙沙作响，宛如一片城市中的森林。晓月在一瞬间找到了感觉。

这个美妙的地方有着她一直以来追求的东西。尽管她大学学的是"电气自动化"专业，却对艺术和文化情有独钟；然后这种爱好转移到建筑上，她便爱上了建筑的美学元素，包括对自然和环境和谐的要求。

因此，当她第一眼看到那个绿树葱茏的妙处时，内心更多涌动的是一种渴望创造的冲动和激情。

她根据自己的品位结合自己所学的建筑知识，将这片桃源建造成一个低密度、高品质、50%原生态绿化覆盖率的大型艺术生态居住小区。

小区中保留了原来的森林样貌，成了名副其实的森林都市。同时造房挖出的土，她也像宝贝一样保存起来，而且还专门安排了两个人每天浇水。

土里有很多珍贵的树种和草籽，要让新建小区充满自然的野趣，就必须保护好它。在破旧的篮球场南侧，小山一样的土堆已经长满了不知名的野花和狗尾巴草。

　　这就是晓月的品位。她没有跟风去做什么"欧式风""小镇系列"等楼市概念，而是融合自己对建筑的独特理解，营建了自己的独特风格。

从晓月的故事中，我们可以得到，女人的品位其实是与她的博学程度相联系的。所以，不要做一个除了基本生活技能外什么都不知道的女人，多懂一些知识，就会多一些品位，让自己成为一个成功的女人。

魅力在举止神态间闪烁

年轻女人的肢体神韵除了来自形体所显示的美艳灿烂外，还来自各种"无形"美的优化组合。这种神韵可以使姿色平常的女人变得楚楚动人，这种令人难以捉摸的神韵就体现在举止、体态和表情上。它也许是一道眼波、一举手一投足、一颦一笑，也许是一种超越视觉范围的默契，或许是某种体态的优雅美妙等。

年轻女人的美，既有具体的形体，本身的色彩、线条、质感的美，又有神韵的美。她能出诗情、入画意，勾人心魄，具有一种可以扭转乾坤的"媚人"的力量。

有魅力的女人都是保持"头部平直"的人，其意义也就是能思想清晰合理，散发自信与活力，而且头抬得高，能与人正面相对。一些没有办法做到这些的人会被觉得是：想偎依在母亲怀里求安适，是脆弱的、随随便便的、过度殷勤的，习惯于哀求人的、阿谀人的，是失败的、愚蠢的，或是疲倦的。

低着头给人的感觉是没有安全感、害羞和失败者，而一个头斜在一边的女人也不见得好多少，她会让人们觉得她是晕头转向的或是头脑简单的人。

无论是低着头或斜着头，给人的印象一定没有直着头好。

当你把头持平的时候，你给人的印象是：

看起来更有控制力及有信心；

像个胜利者；

改善了你的姿态；

表现得更精力充沛；

改善你的音质；

而且有较好的位置来正眼看人。

只是把你的头部持平这举动似乎是相当微不足道的。但这是一种敏感的动作，可以造成或破坏别人对你的信心。无论你得到的消息是好是坏，把你的头保持平直，这是魅力女人应该维持的头部位置。

摆正好了头部姿势后，你还得意识到一点，不要不停地乱点头，要有意识地点头，在与人交流时，你要全力以赴让人知道你在倾听他们的讲话。

由于你认真地倾听，传输了你的兴趣与了解，而使得对方说得更多，因此你不但给别人留下一个好的印象，而且自己也学习得更多。有一些有用的方法可以让对方晓得你是在倾心听着，但把你的头乱点得像只放在车后窗的弹簧脖子玩具狗，并不是一种好方法。

在采油界，一个上下移动的油索具叫作小鸟儿。人们在聊天时有时会变得像它一样，但这不是一种好的、有控制力的和有用的方式。乱点头的人总显得过分渴望或太急于讨好。你可以试试下列方法以便避免这种做法而仍然可以传达你的殷勤及了解：

偶尔缓慢地、有深度地、有意识地点头，这种动作虽然简单却相当难做，需要经过一段时间练习后才会觉得自然。

口头上的"点头"，也就是说，头仍保持平而不乱点，但口中可发出一种肯定的声音，"嗯，喔"。斜视或提升一边或两边的眉头，维持一两秒钟，同时把你的头部抬平。

"频频舞步半折腰，清水池塘宫殿摇，要问西子今何在，夜梦床头柳条娇。"这首诗，说的是女人的腰。

年轻女人的腰，是以线条来表示的，它是女性除了臀部和乳房以外的第三性感符号。人类发出的信息，以无声形式居多，内涵也更丰富，更具有多变性和多义性。

无声语符号，就像一幅色彩斑斓的图画。人们常说，每个男人心里都有一个林黛玉的形象，而每一个女人的心里也都有一个哈姆雷特的形象。

就是说，每个人在接触艺术符号的时候，都是凭自己的人生经验去补充、去完善、去创造。世界上最美的东西，实际上是没有形象的；世界上最完整的东西，实际上是残缺的。

女人的腰就是线条艺术的符号。

我们先来看弯腰。弯腰是日本女人的见面语。弯腰形成的曲线是柔美的、温顺的、流畅的，一条光滑的曲线，给人柔美的感觉。所以说，女人除微笑之外，还要学会弯腰。

再来看叉腰。女人把双手叉在自己腰上，就像两个母鸡打架的形象，这种手臂成反向三角形的对外扩展，表示了愤怒和力量。这种语言，一般女性不采用，但"豆腐西施"杨二嫂却经常使用。

还有扭腰。扭腰使腰呈现S型，这是"性"的象征。凡是女人扭腰或者扭动臀部，都是招惹异性的信号。

也有一种抚腰。自我抚腰是一种自慰性行为，也是自我亲近的暗示。俗话说，没人爱，自己爱。

女人仰腰时，你要注意了。仰腰是一座"不设防的城市"，称为"无防备信号"。如果女人深深地坐在沙发里，用仰腰的形式对着异性，一般有两种情况：一是对眼前这个男人绝对信任和放心；二是妓女的招数，等于告诉你，"请跟我来"。

女人的腰切忌过分扭动。人们可能看过求偶期的鳄鱼，雄鳄与雌鳄在交尾之前，雌鳄就不停扭动它的腰。而非洲"波罗波利"部落，新娘在入洞房前，都要狂歌劲舞，并强烈扭动她的腰。

"腰语"不慎，就会变成"妖语"。

手势是人们交往时不可缺少的动作，是最有表现力的一种"体态语言"，俗话说："心有所思，手有所指。"

年轻女人的手的魅力并不亚于眼睛，甚至可以说手就是女人的第二双眼睛。

手势表现的含义非常丰富，表达的感情也非常微妙复杂。如招手致意，挥手告别，拍手称赞，拱手致谢，举手赞同，摆手拒绝；手抚是爱，手指是怒，手捧是敬，手遮是羞等。

手势的含义，或是发出信息，或是表示喜恶、表达感情，能够恰当地运用手势表情达意，会为女人的形象增辉。使用手势应该注意：

一是在交往中，手势不宜过多，动作不宜过大，切忌指手画脚和手舞足蹈。

二是打招呼、致意、告别、欢呼、鼓掌属于手势范围，应该注意其力度的大小、速度的快慢、时间的长短，不可过度。

鼓掌是表示欢迎、祝贺、赞许、致谢等的礼貌举止。在正式社交场合，观看文艺演出、重要人物出现、听报告、听演讲等都用热烈鼓掌表示钦佩、祝贺。

鼓掌的标准动作应该是用右手掌轻拍左手掌的掌心，鼓掌时不应戴手套，宜自然，切忌为掌声大而使劲鼓掌，应随自然终止。鼓掌要热烈，但不要忘形，一旦忘形，鼓掌的意义就发生了质的变化而成喝倒彩、鼓倒掌，有起哄之嫌，这样是失礼的。注意鼓掌尽量不要用语言配合，那是无修养的表现。

三是在任何情况下都不要用大拇指指自己的鼻尖和用手指指点他人。谈到自己时应用手掌轻按自己的左胸，那样会显得端庄、大方、可信。用手指指点他人的手势是不礼貌的。

四是在美国，要引起别人注意，如召唤一名侍者，最普通的手势是举手，并竖起食指，到头部的高度，或是再高一些。这很可能出于我们在学校的最早的经历，因为老师教导我们要引起老师的注意只要举手。

另一种召唤或引起注意的手势是举手，手掌摊开，频频挥手以引起注意。人们也可以用食指频频向内屈伸以示"过来"。还有，如果你要召唤一名侍者到你的桌旁，你只要设法让他看到你，然后很快向他点一点头。

欧美人挥手告别，一般举手，手掌向外，腕部不动，把手和前臂一起频频左右摆动。如果你去一个其他国家，你一定要了解这些国家特定的手势符号所代表的意思。

下面理解几种常用手势。

环形指圈表示字母"O"，表示同意、赞同的意思。

英国的首相丘吉尔最喜欢的手势就是将食指和中指竖直伸开。这个手势像字母"V"，是Victory的第一个字母，表示"胜利"或"和平"。

从第二次世界大战胜利，到以后长时期的和平运动，人们都爱用这个手势。

飞行员在世界各地都习惯竖起大拇指，宇航员甚至在地球外也这么做。竖起大拇指几乎已成为全世界公认的表示"一切顺利"或者"好""干得出色"，以及另外十几种类似的信息。

但是，注意，也有许多例外，比如：在美国和欧洲部分地区，在公路上走，若你走在路边竖起大拇指，并摇动这手势，通常用来表示要搭便车。

一般认为，掌心向上的手势有诚恳、尊重他人的含义；掌心向下的手势意味着不够坦率、缺乏诚意等。

攥紧拳头暗示进攻和自卫，也表示愤怒。伸出手指来指点，是要引起他人的注意，含有教训人的意味。

因此，在介绍某人、为某人引路指示方向、请人做某事时，应该掌心向上，以肘关节为轴，上身稍向前倾，以示尊敬。这种手势被认为是诚恳、恭敬、有礼貌的。

　　有些手势在使用时应注意区域和各国不同习惯，不可以乱用。因为各地习俗迥异，相同的手势表达的意思，不仅有所不同，甚至有的大相径庭。

　　如在某些国家认为竖起大拇指、其余四指蜷曲表示称赞夸奖，但澳大利亚则认为竖起大拇指，尤其是横向伸出大拇指是一种污辱。

　　由此不难看出，每种文化都有自己的手势语言，千姿百态的手势语言，饱含着人类无比丰富的情感。它虽然不像有声语言那样实用，但在人际交往中能起到有声语言无法替代的作用。

　　张爱玲说，生活的全部魅力都来自它的细碎之处。我们也可以说，年轻女人最迷人的风雅就出自那些看似最不经意的细节姿态。

　　这是一些常常被年轻女人忽略的环节，很少有年轻女人知道它也有标准优雅的姿态，但正是在这种他人忽略的地方，如果你注意为之，那才更能突出你的独特风采与美丽品位。

装出来的矜持也不高雅

　　矜持，是一种被人们扔在故纸里的风情，它只有附于年轻女人身上，才能变得生动起来。若评价一个男人矜持，似乎就与孤独自闭、心胸狭窄，不具备开拓性画上了相似号。要在改革开放前如说一个年轻女人矜持，虽说并非赞语，但也不过就是拘束或稍稍有些高傲的意思，算折中的评语吧。

但在时尚之风铺天盖地的今天，一个被人认为矜持的年轻的女人，就成了够不上另类的另类，矜持似乎含有一些保守、故作姿态、端着架子的讽意在里面，就好像矜持只存在于故纸堆里。于是，矜持在21世纪成了一种哗众取宠的、滑稽的代名词。

现代年轻的女性要的是活力四射，释放美丽，八面玲珑，谈笑风生，应酬自"新女性宝典"必备。即使是喜欢那种如戴望舒《雨巷》中撑着一把油纸伞的丁香一般的古典女子，也不过是羡其芳步轻移、颦娥微蹙的娇柔罢了，那些只知跟着时尚走的现代女子骨子里可能还是更倾向于飞扬一些的，有鲜花，有掌声，有赞美，有聚光，随时准备在舞台上秀一把。

《现代汉语词典》矜持的意思是：慎重，拘谨。而在《古汉语常用字典》里的解释如下，矜持：竭力表示庄重。字面上看稍稍有些不同，但细究起来二者异曲同工，矜持是为了表示庄重，拿捏分寸当然要慎重谨慎，由不得随性而来。矜，说文解字的话，原本就有一层骄傲的意思。

矜持，初次相逢，给人的感觉是拘谨，不潇洒自如，相处久了，就会发现其内里却蕴涵着一份自持，是一种含蓄和内敛的风度。当年《花样年华》在媒体上灿烂绽放，掀起了不小的影视热潮。

时尚中人都为张曼玉和梁朝伟的戏中男女那份若即若离的情感所迷醉，那种缠绵却迟疑、燃烧而冷静的情感度数让人叹为观止，由此缥缈的那种兼有"禅房花木深"的优雅和"所谓伊人，在水一方"的含蓄，还有"天阶月色凉如水"的温婉，时尚男女为此醺醺然而倾倒。

蓦然回首，发现原来传统中的矜持更具女人魅力呀！

如果换成奉行及时行乐主义的，开放速食的现代男女，也许早就抛弃犹豫，天雷勾动地火，尽情挥洒激情了吧。不过，如果真是那样，那么所有眼神里的缠绵也可能很快消失，那种略带遗憾的哀伤也就不必了。时尚女性渴望拥有着一款《花样年华》式的旗袍里，其实她们忘记了真正撑起了旗袍的曼妙幽雅的不是张曼玉窈窕婀娜的身姿，而是苏丽珍（张曼玉饰）的矜持内敛。这样的情感在传统旗袍的烘衬下交映生辉才达到了传神的效果。

所以，当下的旗袍时尚不过是一种盗版式的花样年华，剧中那种风韵，那份感动是无法单独靠"克隆"包装来达到的。时尚女性穿起旗袍，只能给人一种错位的感觉，看起来不伦不类。

仿佛是火辣辣的现实生活中的一份"冷香丸"，至于真的吃起来，那大概就要"哈根达斯"了。现代女性，"不相信眼泪"，是一种坚强的美丽；积极争取，是勇敢的美丽；挥洒魅力，是生动的美丽，而婉约的矜持就成了千古绝唱！

"满地黄花堆积，憔悴损，如今有谁堪摘？守着窗儿，独自怎生得黑？梧桐更兼细雨，到黄昏，点点滴滴。"那种"凄凄惨惨凄凄"的意境流芳百世。

如果易安居士生活于当今，估计也该被众姐妹斥为异类打入冷宫了吧，《声声慢》中的"寻寻觅觅"的迂和执更为时尚女所不齿。然而，雁声归鸿更让人体味一碧残云，喧哗里的静寂让人心空清澄。繁弦笙歌固然鲜艳夺目，大得"眼球经济"这真味，但一种矜持的休止和停顿大有朱自清《荷塘月色》之态，在清冷如水的月光下一池圣洁的荷花悄悄地散发着幽香熨帖我们揉皱的性情。

当然，如果无法捕捉矜持，也不必故作矜持，说到底，矜持也是一种性情，勉强不得，要靠长期的精神修为方可成为一种风情。不温不火，娇羞中带着一丝冷然，矜持胜过一切时尚的浮华，让女人更有魅力！

懂得欣赏自己，别人才会欣赏你

俗话说"人生失意无南北"，豪宅里也会有悲怆，破屋里同样也会有笑声。只是，平时生活中无论是别人展示的，还是我们关注的，往往是风光的一面，得意的一面，这就像女人的脸，出门的时候个个都描眉画眼，涂脂抹粉，光艳亮丽，这全都是给别人看的。回到家后，一个个却又是素面朝天，这就难怪男人们感叹："老婆还是别人的好。"

于是，站在城里，向往城外，而一旦走出围城，就会发现其实生活都是一样的。

有位哲人说过，与他人比是懦夫的行为，与自己比是英雄。这句话乍一听不好理解，但细细品位，却也有它的道理。所以，不要把你的生命浪费在和别人攀比上，应该学会去跟自己的心灵赛跑。

我们只有懂得欣赏自己的生活，才能够让自己活得随心所欲。我们能改变什么让自己感到愉快，那就做一些改变；不过，如果改变了以后会让自己不愉快，那么不管有多少人说要做，也不应该盲目去遵从。还有，若是知道自己改变以后会很好，但自己却无力改变的话，也不应该勉强去做。

原谅自己，欣赏自己所拥有的一切，那些让自己觉得不满意的地方，就尽量忽略过去。毕竟，上帝创造我们有不同的肤色、不同的个性，是为了让我们的生活多姿多彩。所以要学会接受自己所谓"不完美"的地方，没有必要勉强自己变得完美。

所以，我们要用"和自己赛跑，不要和别人比较"的生活态度来面对生活。如果我们愿意虚心学习，观摩别人表现杰出的地方，从对方的表现看出成功的端倪，收获最多的，其实还是自己。不要与别人比华丽的服装，而忽视了自己真正需要提升的东西。

生活中，总是会有抱怨自己不幸的人，总是会用沉重的欲望迷惑自己，总是看到自己还不曾拥有的东西。但是人生不是这样过的，因为你也有着别人所向往的东西，你也有着别人可望而不可得的优点，每个人都有着幸运和不幸，区别在于你的心态该如何去平衡。虽然人生不会总是一帆风顺，但也不会是灾祸不断。

所以，请你静下心来，放下心灵的负担，仔细品位你已经拥有的一切。学会欣赏自己的每一次成功、每一份拥有，你就不难发现，自己竟会有那么多值得别人羡慕的地方，幸福之神已经在向你频频招手。

生活中有些人羡慕那些明星、名人日日淹没在鲜花和掌声中名利双收，以为世间苦痛都与他们无缘。这是羡慕别人的盲区，也是一些人老是羡慕别人光鲜处的原因。事实上，走进明星、名人的生活，他们也都有着不为人知的辛酸。美国前总统里根曾几度风光，晚年却备受不孝逆子的敲诈、虐待；戴安娜如果没有魂断天涯，有谁知道她与查尔斯王子那场"经典爱情"竟是那般糟糕……

所以，与其羡慕别人，不如做好自己。欣赏自己的女人，才会值得别人欣赏，才会散发出无与伦比美丽，才会让自己的事业与爱情双双完美。

第三章
细疏情绪，整理心情

在现代竞争与快节奏的生活压力下，现代女性平添了许多焦躁不安、愤怒、压抑、失落等不良情绪。任由这些情绪发泄，既会严重地损害到人际关系，也是一种没有修养的表现。

女人，要学会管理、疏解自己的情绪，尽量在公共场所表现出一种宽容、大度、淡定的心态，这对搞好自己的人际关系，促进自己的事业发展都大有裨益。

不要让忧郁占据快乐的心

忧郁是一种负面的情绪，也是一种阴暗的心理。当今社会竞争愈演愈烈，压力也愈来愈大。有越来越多的女性患忧郁症，从而在心情沉重之中丢失了许多快乐。严重者甚至会悲观厌世，直至最后走上自杀的道路。这绝不是危言耸听，因为现实生活中发生过很多这样的悲剧。因此，忧郁的问题必须引起高度重视。对此要善于调节心理，不要让忧郁占据快乐的心。

快乐是一种我们心灵上的满足，它会使我们变得开心。它是抽象的，也是具体的；它是无形的，也是有形的。快乐让人触摸不到，但它却能够表现在我们的脸上，那就是我们的笑脸。快乐其实很简单，只需我们时刻保持积极乐观的心态，每天都笑笑，每时都乐乐，那么快乐就在我们身边了。

快乐的多少，决定于具有乐趣的事物的多少，决定于满足我们内心需求的愿望的多少；快乐的大小，决定于我们所做有乐趣之事的大小，决定于我们需求强度的大小；快乐的长短，决定于我们享受快乐过程的长短，这个长短决定于我们对这个过程正面焦点关注的时间的长短；快乐的深浅，决定于该事在我们心中地位的深浅。

忧郁症是不会享受快乐者的一种常见心理疾病，女性发病率往往比男性高 2 ~ 3 倍，其最显著的特征就是具有忧郁的情绪。忧郁的女性往往会感到悲伤、无助、没有希望，也会常常哭泣，这样，她们的自尊和自信也会快速下降。

这种感觉会将女性的快乐心理扫荡得一干二净，会使她们平静安适的心境变得容易激动或被激怒，还会使她们觉得人生无趣。

一个人一旦患上忧郁症，就会发现自己再也不会因为任何事物而感觉新鲜与兴奋了。以往可以愉快享受的活动，再也不会感到快乐，再也没有兴趣去从事它。不仅如此，忧郁症患者的身心健康也会受到一定的影响。

忧郁症会影响忧郁者的记忆和思考过程，他们往往会变得无法集中注意力，在做决定时变得更困难，就算是很小的事情，比如要穿什么衣服，或是要准备做哪道菜，在做决定时也会变得十分困难。因此，患上忧郁症的人会发现，要把事情做完总是变得非常困难。

忧郁症会影响人们许多方面的生理功能。举例来说，它会使女性的睡眠和饮食习惯变得很混乱。忧郁的女性可能在清晨四五点时醒来后再也无法入睡，可能整天待在床上却还是睡眼惺忪。可能饮食过量而变得体重过重，可能失去胃口而体重减轻。

忧郁症会削弱女性的活力。患有忧郁症的女性常会觉得疲累、动作变慢，或是感到精疲力竭。就连起床或是准备进食这些小事，都要花上很多时间。忧郁症也和许多模糊的身体不适相关，包括头痛、背痛、腹痛，以及原因不明的种种疼痛等。

忧郁症改变人的行为。如果你原先是个仪容整洁的人，现在可能会忽略自己的外貌；如果你原先在付账时总是小心翼翼，现在有可能会开始乱花钱。你可能开始远离人群，转而偏好待在家里；可能会更常和另一半或是其他家人争吵；上班时，可能无法按时完成工作。

总之，忧郁症会使原本快乐的人变得心灰意冷，使朝气蓬勃的人变得死气沉沉。忧郁症能消耗人的斗志和青春，让一个本来充满理想的人变得意志消沉、浑浑噩噩，甚至最终一事无成。

在面对忧郁时，我们能够调整好自己的心态吗？我们到底应该怎么做呢？

一是要有兴趣爱好。一个人在生活中要有良好的爱好，如集邮、看书、划船或种花等，这会使人感到生活充实、满足和愉快。

二是尝试新的事物。当生活陷入单调沉闷的"老一套"时，忧郁症患者往往就会感到不愉快，如果去参加一项新的活动，不仅可以扩展生活领域，还会为生活带来新的乐趣。

三是争取多做些事。在生活中，如果太依赖他人，对别人的期望太高，也就容易失望。若能树立凡自己能做的事就去努力做好的观念，则可避免许多由失望带来的苦恼。

四是交些知心朋友。友谊有助于身心健康，空闲时与朋友相聚，海阔天空地聊聊，既能增长见识和交流信息，又可把自己的心事对朋友直言相告，朋友会为我们排忧解难，能够增强我们排除困难与忧愁的信心和勇气。

五是不要钻牛角尖。看待任何事物都不要认死理，否则就容易钻牛角尖。要学会从不同角度去看待事物和分析问题，找出解决问题的不同方法，摆脱由看问题僵化而带来的苦闷。

六是学会宽容大度。在生活中，即使与自己关系很亲密的人，激怒你了，埋怨你了，也要宽容。"日久见人心"，人们就会很乐意地与你相处，你也一定会体会到人际关系融洽带来的欢乐与快慰。

七是勇于承认失败。一个人难免遇到失败与失意的事情，或是自己本身存在某种缺陷。对此，我们应记住哲学家威廉·詹姆斯说的一句话："当你勇于承认既成的事实，并且勇于接受已经发生的事情，就有了克服随之而来的任何不幸的第一步。"

八是要有坚定的信念。坚定的信念是战胜挫折和失败的良方，可使我们从苦痛中解脱出来，能屈能伸，无论在顺境还是逆境中，我们都要泰然处之。

那么，怎样让我们从忧郁中走出来呢？我们不仅要时刻保持乐观向上的天性，还要适时清理心里的垃圾，这样才能让我们从忧郁中摆脱出来。

一是善于享受成功。完美主义者总是预先给自己设定一个十全十美的目标，凡事力求尽善尽美，一旦做不到就会深深自责，甚至沮丧消沉，由此便对自己的能力全面怀疑和否定，甚至陷入完美主义的陷阱。

其实，任何事只要我们努力就可以了，不要苛求结果。我们要善于学会为自己的每一点努力、成果喝彩。要记住：知足自信的女人才会充满快乐。

二是快速忘记烦恼。遇上难以相处的上司、痛苦的失恋、人际关系的烦扰、事业的失意等，总之人生烦恼无数，但我们不能总是对不愉快的经历耿耿于怀，任由郁郁寡欢的情绪徘徊不去。

要尽量学会快速忘记烦恼，不如意时可以找一种迅速转换烦恼情绪的方式，或睡一大觉，或和朋友聚会，或投入你最喜欢的一项娱乐或运动中。面对麻烦和困境，要坚决做一个"没心没肺"的女人。

三是不和别人较劲。有些女性总喜欢与人攀比，仿佛别人的风光是她心头的痛，别人的得意令她深感挫败，这样久而久之，就会心态失衡、心灵扭曲、烦恼丛生。斤斤计较和妒忌是快乐心境的克星。

其实，我们每个人都有旁人无法代替的优势，扬长避短地专心经营好自己，才会使我们踏上更宽广的人生路，所以，我要保持平和放松的心态。

四是随时寻找快乐。快乐并不是可遇不可求的东西，快乐完全取决于我们的意念。比如你手头有一堆工作，你可以想象这些是你最喜欢的事，压力一旦减轻，情绪就会高涨，自然就会效率倍增。要记住：怨声载道只能让事情朝相反方向发展。

成功学专家卡耐基说，能接受最坏的情况就能在心理上让你发挥新的能力。人生低潮时你可以这样想：我都到最低潮了还能坏到哪里去呢？按发展逻辑，到达低就是向高处回转之时，这样的心境一定会很鼓舞人。这绝不是阿Q的精神胜利法，而是事物发展的必然结果。

作为女人，如果你总是情绪低落，不妨先试一试以下几个方法，或许能解除你的心理痛苦呢！

一是做有建设性的工作。忧郁症产生于人的惰性，行动是它的天然克星。如果事情比较复杂，你可以把它分解成一系列细小的步骤，这样就容易完成了。

假如你没有心情做计划，那也不要紧，你只要先行动起来就够了。就是说，你不必等到你想做的时候才开始，因为只要你没有做事的欲望，可能永远也懒得动。相反，你先做一点琐碎的事，启动人体的水泵，接下来心情就变得灿烂了。

二是主动帮助别人。乐于助人能使人精神健康，你通过志愿性的工作、社区服务或帮助行动不便的邻居购物，就会发现自己具有同情心，能够理解别人，而且对社会并不是毫无价值。实际上，离群索居本身就是忧郁症的一大病因，和别人的接触对治疗这种病很有帮助。

三是请家人帮助自己。作为家庭中的众多角色之一，要学会请家人分担，而不要只会抱怨。有的人不注重自身的需求和快乐，孩子成绩好就快乐，丈夫有成就就快乐，忘记了自己的快乐到底在哪里。其实，面对爱人，爱要说出来，应该明示而不要暗示，这样做会赢得更多的爱。

四是经常锻炼身体。有一位两个孩子的母亲，每当感到忧郁时，她就跑跑步，来驱逐心头的阴云。她说："通过跑步，至少我觉得我是在完成一项任务，从而有一种成就感，于是心情就舒畅起来，不管跑步之前多么烦恼，跑步之后就好多了。"

最后，请记住一句话："决心帮助你自己才是好心情的关键。"

以坚强消除懦弱的心理

懦弱是由于缺乏自信而产生的一种心理问题。懦弱的人由于心里害怕、胆怯，稍微遇到一些困难的事情，就会选择逃避。这对于一个人的成功是很不利的，所以我们要有意识地进行个性磨炼，并正视这种心理的调节与转化。

坚强的人心理承受能力强，在遇到艰难险阻时，能够勇敢面对，全力战胜。坚强的人有两个特征：一是不怕失败，不怕挫折，不怕打击，无论是人事、生活上还是技术、学习上的事都能够正确对待，即使孤独也不怕，并且敢于正视现实、正视错误，用理智去处理一切变故；二是不被胜利冲昏头脑，永远保持谦逊的品质。

这两个特征，用通俗的话说，就是"胜不骄，败不馁"，就是宠辱不惊，得失泰然。

懦弱大多是由对未知事物的恐惧引起的，凡是无法预计、解释和理解的事物都容易使人懦弱。在现实生活中，我们难免会碰到一些无法预测、无法避免、无法理解和解释的事物。如果这些未知事物具有较大的危险性，那么就会引发人们深深的恐惧。

其实，人生就是挑战，社会就是一个大运动场。强者胜，劣者汰；强者拼搏，弱者奋起。人人都面临着挑战，同时也体验着挑战。女人只有坚强地迎上去，不畏强手，才能改变自己，战胜自己，开创新的生活。

懦弱是人们回避冒险的一种心理，你若想战胜它，首先必须知道它有哪些表现形态。

懦弱的人凡事唯唯诺诺。个性懦弱的女性，无论说话、做事，还是待人接物都显得谨小慎微，缩头缩脑，卑躬屈膝，总是怕做错什么，生怕树叶掉下来打着自己的头，不敢越雷池半步。由于过分担心害怕，所以做起事来犹犹豫豫，效率特别低。

懦弱的人做事缺乏勇气。个性懦弱的女性，意志薄弱、缺乏敢做敢当的勇气，遇到突发事件，就会惊慌失措。她们不相信自己，也不相信别人。她们不敢冒风险，不敢和一切艰难困苦做斗争，不仅做事缺乏勇气，而且毫无决断力，只会一味地自责。

懦弱的人没有冒险精神。凡是遇到新计划、新挑战，懦弱的女性总会搬出各种理由来推迟实行，觉得这样会减少风险，这样一来，她们无形中就失去了很多成功的机会，因此，在事业上往往无所作为，平平庸庸。

懦弱的人一味忍让。"心"字头上一把刀，这是人们对"忍"字的形象注解，这把刀是会戳伤人的心灵的。因为过分忍耐使人的情绪无法得到宣泄，大量消极情绪会郁结于心。很多女性误以为时间久了这种情绪会渐渐消失，但实际上并不是这样。未宣泄的情绪会埋在心里，历时几十年也未必会自行消失，这些郁结的情绪严重损害着女性的身心健康。

而长期忍耐的结果，就是使自己变得越来越懦弱，长此以往，女性就会失去本该有的喜怒哀乐，失去享受生活的能力，会觉得无望，凡事皆认为是命中注定，减损自我觉察的能力及创造人生的能力，最终会毫无幸福可言。

懦弱的性格主要是由两方面因素造成的：一是家庭生活环境的影响；二是遗传。要想消除这种性格，必须要从以下几个方面入手。

一是重塑性格。任何人都可以养成坚强的性格，不过懦弱的人大多有内向的气质，养成外向型坚强性格确实很困难。但是内向型坚强性格却是可以锻炼出来的。内向型坚强性格有三个特点：不锋芒毕露但有韧性，不热情奔放但有主见，不强词夺理但能坚持正确的意见。重塑坚强的性格，可以多给自己积极的暗示，使自己努力向这个方向发展。

二是敢于反击。学会发怒。懦弱的人大多没有当众发脾气的体验，而习惯于沉默忍受。改变懦弱的性格，就要敢于适时发怒。

三是学会反驳。懦弱的人对于别人的误解与无端的责难总习惯妥协。战胜懦弱就要学会反驳，不妥协。

四是改变行为。研究证实，改善行为就可以改善心理素质，为此，建议懦弱的女性可以从行为上来这样武装自己：

如遇见自己有点害怕的人，不要绕道走，而是径直迎着对方过去；身体站直，挺起胸膛与对方讲话；讲话时盯住对方的眼睛，开始做不到，就先盯住他的鼻梁；说话的声音要洪亮，但如果对方的声音超过自己，可以突然把声音变轻；不要轻易地用"对不起"之类的话作为口头禅。

懦弱的女性这样强化了自己的行为后，就会感到自己突然变得坚强了。

所谓坚强就是无论遇到什么事情，首先应该想到如何解决问题，而不是哀叹、抱怨、抓狂，一味地懦弱退让。对于一个性格坚强的人来说，世界上没有什么不可能的事情。在我们的日常生活中，女性如何学会坚强呢？

首先要进行体育锻炼。著名教育改革家魏书生老师，用体育锻炼法培养学生的坚强意志。他要求学生每天必须做 100 个仰卧起坐、100个俯卧撑，跑 2500 米，不管严寒酷暑，魏老师带头坚持，形成班级的一项制度。

通过体育锻炼，培养自己的坚强意志，一定要做到持之以恒。在体育锻炼的项目上，可以根据女性的自身情况，进行选择。在各种体育项目中，慢跑锻炼最方便、简洁，其效果也是很好的。慢跑能培养人的耐力、毅力，锻炼人顽强拼搏和坚持不懈的精神。

其次要进行劳动锻炼。劳动创造了人类，劳动可以培养人，通过艰苦的、创造性的劳动，可以培养女性的坚强性格。不管是体力劳动，还是脑力劳动，都是培养和磨炼意志的好方法。有学者认为："意志是一项有组织的劳动。"著名思想家卢梭认为："在人的生活中最重要的是劳动训练，没有劳动就不可能有正常人的生活。"可见，艰苦创造的劳动，是培养坚强意志的极好方法。

再次应加强道德修养。人的任何行为都是受意志控制和支配的，人的道德修养又极大地影响着意志的控制和支配着人的行为。今天的道德教育，不少是流于形式，不是人们不知道道德知识，而是没有道德实践、道德行为。

有的人道德修养不高，缺少爱心、善举，不是缺少知识、能力，而是缺少行动，缺少坚强意志和坚定的决心。有些时候，人们说了错话，做了错事，都是"明知故犯"，为何？主要是意志薄弱，抵挡不住来自各方的压力和诱惑。

为此，女性要真正提高道德修养的水准，必须要有顽强的自制力、意志力来约束、控制自己，使自己的意志得到培养和锻炼，使自己坚强的意志品质得到升华。

最后应改正不良习惯。女性不良的生活习惯和习性，对其学习和工作有很大的影响，有句名言："改变恶习的钥匙收藏在意志那里。"女性若能改变不良的生活习惯、习性，如克服遇事爱哭、胆小懦弱等，就能够使意志更加坚强。

总之，女性应该明白，面对挑战，懦弱的结果只能是失去成功的机会，勇敢面对，树立追求成功的信心，只有这样才能战胜自己，成就卓越人生。

心理学家告诉我们，女性克服懦弱的心理，唯一的办法就是勇敢面对，害怕什么就战胜什么。这里为你提供几条建议，希望会对你有所帮助。

如果你害怕见生人，那么，你可以径直迎着别人走上去，心里想着这个人欠你钱或物。

如果你害怕在众人面前说话，那么，你可以在喧哗的人群中大声说话，声音要洪亮，要让人在喧哗中也能听到。或者背诵几篇著名的演讲稿，然后独自大声地演讲。

如果你害怕见到地位较高的人，那么，你可以想方设法参加有显赫人物出席的活动，当看到他们也同样要端起杯子喝水，要用手纸揩鼻涕、咳嗽等，次数多了，就会消除心中的神秘感，增强自己的信心。

在与地位较高的人会面前，你还可以先预设几个话题，使你在与他会面时有话可讲，不至于冷场，这样下次你就不会再发怵了。

当然，战胜懦弱心理的方法有很多，你还可以根据自己的实际情况选择其他方式。

多疑会使人陷入迷茫

多疑是指神经过敏和疑神疑鬼的消极心态，它是指对人、对事物在没有进行客观的了解之前，主观地假设与推测，是非理智的判断过程。

具有多疑心态的人往往带着固有的成见，一旦产生怀疑，就会进行自我暗示，为自己的怀疑自圆其说，结果本来并不存在的东西也会被想得跟真的一样，从而越陷越深。

通常来讲，女性犯多疑病的人较多，一旦怀疑某人对自己不好，某件事对自己不利，便耿耿于怀、闷闷不乐，情绪立即反常，很长时间都不能排解，严重者会给工作、家庭、学习带来不良影响。因此一定要注意调节这种心理。

在社会科学中，信任被认为是一种依赖关系。学者卢曼给信任下定义："信任是为了简化人与人之间的合作关系。"

从心理学角度讲，多疑心理是常见的心理之一，它是人性的弱点之一。疑心重的人思虑过度，凡事都往坏处想，说者无心，听者有意，捕风捉影，无中生有。正如学者培根所说："多疑之心犹如蝙蝠，它总是在黄昏中起飞。这种心情是迷陷人的，又是乱人心智的，它能使你陷入迷惘，混淆敌友，从而破坏人的事业。"

多疑的实质是缺乏对他人的基本信任，多疑的女性从他人的行为表现中得出错误判断，偏执地认为他人表里不一，有所隐藏，对自己可能有所欺骗。因而对他人反复考察，希望证实自己的疑心，但在现实中很多事情都是难以查证的，于是多疑者就更有理由去怀疑。

多疑产生的心理效应，是给人一种消极的心理暗示，即让人觉得他人是不可靠的、有问题的。

当几个同事聚在一块儿悄悄说话时，多疑的女性会怀疑他们正在讲自己的坏话；当自己告诉朋友一个秘密后，多疑者会不停地想他是否会讲给别人听；领导在开会时说了公司里发生的不好现象，多疑的女性会怀疑是不是针对自己说的。

多疑心理的产生，主要是由于对人持有不正确的观念。多疑者总是以一种怀疑的目光看人，对他人怀有戒备之心，在与人交往中不讲真话。

另外，对人和事缺乏客观正确的认识也是产生疑心的原因，多疑者总是以局部代替全面，总是片面地从自我的主观想象出发，去分析问题，这显然是不恰当的。为此，为了消除自己的不良心理，多疑者要变自己的多疑为信任。

女性的多疑心态一旦形成，相对比较顽固，它是导致偏执性人格障碍的温床，需要警惕。但单纯地多疑，即在成为一个人的行为模式之前，则通常在误会或有人搬弄口舌的情况下才会发生。例如，听到别人的善意批评就怀疑别人存有敌意等，即只有在一定的情景下，具有多疑心态的人才会"疑心生暗鬼"，以主观想象代替客观事实，才会产生愤恨甚至报复心理。而在其他没有诱发情景的时间里，则一般不会产生多疑心态，完全能像常人一样心态平静地生活。

多疑与猜疑不同。猜疑只是一般的怀疑，这种怀疑有可能毫无道理，纯粹是神经过敏所致，但也可能有一定道理并符合客观事实。正常的猜疑人皆有之，不属于心理问题。多疑则是猜疑的极端状态，绝大多数都是无端生疑，是心理失衡的表现，为此，女性必须改变多疑的心理。

改变多疑的心理首先要学会冷静思考。时间是最好的冷却剂。女性遇到有怀疑的地方，先不要下结论，如事情不急，不妨等几天后看看，究竟是怎么回事；如事情较急，可找比较信任的上级或同事问清楚。

其次要学会忍让。任何事务的处理，都不可能百分之百合情合理，女性朋友不妨学会点忍让，"知足者常乐"是一副很好的调节剂。

再次要学会自我安慰。女性在生活中，遭到别人的非议和流言，与他人产生误会，没有什么值得大惊小怪的。在一些生活细节上不必斤斤计较，可以糊涂些，这样就可以避免自己烦恼。如果觉得别人怀疑自己，应当安慰自己不必在意别人的闲言碎语，不要在意别人的议论，这样不仅解脱了自己，而且还取得了一次小小的精神胜利，怀疑心理自然就烟消云散了。

另外要加强交流。有些猜疑来源于相互的误解，如果是这种情况的话，女性就应该通过适当的方式坐下来交流。通过谈心，不仅可以使各自的想法为对方了解，消除误会，而且还避免了因误解而产生的冲突。

　　女性要改变多疑的心理还应该学会信任。信任是一种感觉，建立信任是需要时间与努力的，建立互信关系的最基本方法，就是要自己先信任别人。

　　女性不要把一些事，尤其是个人小事，看得那么重，更不要斤斤计较。这样，许多不尽如人意的事就都可以放得开，化解开。

　　如果时时瞪大眼睛看别人对自己的态度，竖起耳朵听别人对自己的反应，心里老琢磨着别人的一言一行，东西南北四面防"敌"，岂不活得太累？世上的事不可能件件使自己满意，不可能件件都成功，失败了也不一定是别人造成的。

　　有些女性考虑问题比较简单，她们相信直觉，常根据直觉做判断，也爱凭经验看待周围的一切，判断是非曲直，她们认为一个原因应导出一个结果；或者反过来，一个结果必由一个原因产生，这样就很容易把事情看偏、看错。

　　为此，女性应该知道，直觉往往是不可靠的，个人经验是有限的，某个结果往往是多种原因造成的，因此要学会全面看问题。根据心理学家实验统计，学会全面看问题后，90%的疑虑会消失。

　　女性一旦出现了猜疑，一定不要盲目冲动地质问别人或指责别人，要冷静地分析。这时应避免设定假想目标，而要多想想可能的情况，跳出封闭式思维的循环怪圈。

　　当发现同事有造谣中伤自己的可疑行为时，当发现情侣、爱人有背叛自己的可疑行为时，你可能会在情绪上表现出愤怒，此时此刻重要的就是让理智控制情绪，以防止由于感情的一时冲动做出不理智行为而留下遗憾，以致抱恨终生。

　　需要提醒你的是，尽管多疑不好，但在某些时候，适当地保留一点多疑还是很有必要的。因为，适当地利用多疑，可以使你深谋远虑。不过，对于朋友、恋人，还是不要多疑，凡事留个底线，是做人的基本准则。

在日常生活中，如果别人说什么，你就信什么，这样没有原则地人云亦云，怎么会有进步，如何去超越前人呢？

事实上，没有多疑习惯的人，往往是没有能力的平庸之人，而恰恰是那些敢于问出"为什么"的人，才在推动着社会的进步：哥白尼和布鲁诺对于"地心说"的多疑，推进了天文学的革命性发展；伽利略对权威亚里士多德的多疑，使比萨斜塔上两个铁球同时着地；爱因斯坦对牛顿力学的多疑，带来了相对论的诞生。

因此，我们既不能事事多疑，也不能糊里糊涂地人云亦云，独立的性格，独立的思考，才应该是女性应有的品质。

克服多愁善感的小女人心理

多愁善感是指一个人感情脆弱、容易发愁或伤感的心理情结。

读过古典小说《红楼梦》的人都知道，林黛玉是一个弱不禁风、多愁善感、整日郁郁寡欢、极易伤心落泪的人物。她的这种性格就是典型的多愁善感。

多愁善感作为一种负面心理，会严重影响女性的感情生活和职业生涯。甚至可以说，多愁善感已经成为很多女性在生存竞争中失败的主要原因。

女性多愁善感的特征是：敏感、脆弱、幻想、感伤、忧郁，时常不由自主地陷入一种消沉的状态中，或者感叹生命短暂，或者感叹人世无常，并且常伴随着一定自恋自怜的孤独情绪。

　　一般说来，轻度多愁善感的女性都可以感觉到自己的"独特"之处，同时她们也明白这种多感思维和伤感心绪不利于正常生活，她们一般会通过其他途径来释放自己的伤感情怀，让自己重新找到光亮和快乐，也就是说，轻度多愁善感是可以在情绪的自我掩饰和克制中得到改善的。但是，重度多愁善感就没有那么容易自我治疗了。

　　重度多愁善感的女性往往进入了一种极端的思想世界里，她们放任自己无谓的忧愁和伤感，有的还力图为这种消极状态找借口，她们对世俗怀有偏见，偏爱高雅脱俗的生活状态，厌恶琐碎平实的细节，蔑视一切带有功利色彩的行为。有的还经常幻想自己某天做出一鸣惊人的成就，但事实上她们对现实的应对能力很差，她们放任自己，也无法控制自己，所以通常难以做出具体行动。

　　总的来说，重度多愁善感者，对生活中的丑陋和阴暗难以接受，对自己的平凡和庸俗也感到不可忍耐，容易走极端：勇敢者会因不满于现实和自我而突破困境，从而达到一定的艺术境界，而懦弱者则会沉溺于自我满足的消极思想世界里，最终一事无成还会害一堆心病。

　　女性天生就多愁善感，那么她们多愁善感的原因是什么呢？医学界研究得出，这与她们自身的生理构造有关。

　　月经是女性特有的生理现象，月经周期既反映了女性生殖器官功能的变化，也反映出与女性生殖功能有关的心理活动和行为的变化。这种生理上的变化往往为女性尤其是少女带来很明显的心理上、情绪上的变化。

　　众所周知，许多女性在月经周期中存在情绪波动问题，尤其是在月经前和月经期，情绪变得低落、抑郁或脾气急躁。

女性情绪波动还与文化修养、社会环境因素有关。由于传统习俗的长期影响，使女性认为月经前必然出现焦虑情绪。

实验研究也提供了类似的证据：告诉预期一周后会来月经的女性，医生可以用一套新仪器准确测出她们下次行经的日期。受试者分为3组，第一组：告诉她们月经在 1 ～ 2 天后发生；第二组：告诉她们在 7 ～ 10 天后才会行经；第三组：什么也不告诉。然后让她们报告自己经前的一系列问题。结果表明第一组经前头痛等症状的发生明显多于第二组。

当然，还有许多其他证据说明情绪与激素水平的关系。如痛经女性的心理发展可能不成熟，表现有神经质的性格。

假孕则是更典型的事例，婚后多年未孕的女性确信自己已怀孕时可见有类似妊娠的闭经、乳房肿胀和早孕反应。这种现象有雌激素的变化因素，而更多的是渴望怀孕和害怕怀孕的矛盾心理所致。

如此一来，生物学因素和非生物学因素都起着一定的作用。激素和其他生理因素具有一定的影响，同时又受文化、社会、环境因素的影响，导致一些女性出现情绪低落的问题。

女性应该掌握恰当的感情敏感度，防止并消除不良的情绪因素，学会正确地认识自己和评价自己。以下为女性介绍一些克服多愁善感的方法。

首先，要学会在工作和学习的过程中体验求知之乐，在对目标的追求中拥有充实的生活，在积极的进取中去创造乐观向上的人生。

其次，要培养广泛的兴趣爱好，提高自身的文化修养，丰富自己的精神世界。要确定保持人际交往的空间，参与各种交流活动，使情感得以转移和倾诉，并在与朋友的互动中不断认识并克服自己的性格缺陷。

为了使自己天天都有好心情，不让烦恼忧愁的事来烦扰你，建议你在日常生活中，可以做以下几点：

一是经常到户外去走一走，多接触大自然。新鲜的空气和美丽的景致，可以使人心情放松，冷却火气。如果能邀上几个好友出去开心地玩一玩，更能把愁绪一扫而光。

二是用运动的方式摆脱紧张、忘记忧愁，有无体育专长并不重要，关键在于让自己活动一下。

三是尝试一下新鲜事物，像瑜伽或太极等，虽然以前没有接触过，但不妨试一试。当你在专注练习动作的时候，不如意也随之被抛在了脑后。

四是当你觉得心情烦躁的时候，可以洗一个热水澡，在优美的音乐中清理自己，带来焕然一新的感觉。

另外，可以把自己的书桌或书柜清理一下，浏览过去的习作，欣赏一下自己的照片，会让你的感伤随风而去。

常常焦虑的女人容颜易老

焦虑心理又称为焦虑症，是一种具有持久性焦虑、恐惧、紧张情绪和自主神经活动障碍的脑机能失调，常伴有运动性不安和躯体不适感。

随着现代生活节奏不断加快，现代女性的压力越来越大。所以，女性要善于调整自己的心境，力求将焦虑转变为镇静，以此改变不良的心理状态。

镇静就是平稳、冷静、遇事不慌。一个人必须修身养性，培养自己的浩然之气和容人之量，保持自己的高远志向才能拥有这种性格。我国传统文化的精髓就是以静制动，沉着、冷静，善于分析和思考，这是一个人成熟和成功的标志。

生活中非理性的因素很多，我们常常会因为某些非理性的因素而控制不住自己的情绪，造成一些不该有的后果，镇静的性格能够制止我们的冲动，阻止我们犯错误。

在生活中，我们感知周围的事物，形成自己的观念，做出自己的评价，以及相应的判断、决策等，无一不是通过我们的心理世界来进行的。由于是用主观的心理世界来认识和体察事物，就不可避免会使我们受到非理性因素的干扰和影响，对事物的认识和判断产生偏差，焦虑就是在这种情况下因不镇静而形成的不良心理现象。

焦虑可以说是当今社会的"文明病"，它源自许多因素：工作压力、人际关系、经济问题等。由于饱受压力与困扰，每个人或多或少皆有紧张焦虑的情绪。

长期的紧张会引起焦虑，而焦虑是肌体面对危险时采取的准备方式，但当不存在某种危险而发生焦虑或焦虑过度时，就是一种病态，它会给人的健康带来损害。焦虑症有不同的表现症状，它包括恐怖症、强迫症、外伤后的紧张状态以及广泛性焦虑。

它与恐怖有着本质的区别，焦虑是一种没有明确对象的恐怖，因此以经常或持续的无明确对象或固定内容的紧张不安，或对现实生活中的某些问题过分担心或烦恼为特征。这种紧张不安、担心或烦恼与现实很不相符，使人感到难以忍受，但又无法摆脱。

　　这种焦虑和烦恼可表现为对未来可能发生的，难以预料的某种危险或不幸事件的经常担心；也可能是对某一两件非现实的威胁或生活中可能发生于自身或其亲友身上的不幸事件的担心，这类女性常有恐慌的预感，终日心烦意乱、坐卧不安、忧心忡忡，好像不幸即将降临在自己或亲人的头上。因此注意力难以集中，对日常生活中的事物失去兴趣，以致学习和工作受到严重影响。如约会时间到了，约会的人没如约前来；汽车司机等人过久；亲人下班迟迟未归等。妻子久等丈夫不归，主要害怕他有第三者而导致家庭破裂，因此经常处于一种紧张焦虑状态以致长期严重失眠。

　　其实，不论贫富、教育程度或身体是否健康的人，都可能经历紧张与焦虑。每天的压力并无大碍；相反地，适量的紧张使生活更有劲，至少不单调。

　　要使自己从焦虑过渡到镇静，要有一个好的心态，俗话说，风物长宜放眼量。人生往往会遇到很多困扰与烦恼，面对挫折苦难却能保持一份豁达的情怀，保持一种积极向上的人生态度，这需要博大的胸襟、非凡的气度。在逆境中磨炼出你的意志，不必计较一时的成败得失，要以宽阔的胸襟、长远的眼光，去辩证地分析问题，排解心中的不安，从而获得平静的心态。

　　很多女性都有焦虑的时候，而每个人焦虑的事情不尽相同。虽然焦虑普遍存在，但发展成为一种心理疾病的机会却不多，因为很多人懂得自我放松，也不强逼自己去钻牛角尖。为此，当焦虑演变成疾病的时候，聪明的女性应该懂得去克服。

　　首先，你要学会开怀大笑。人在开怀大笑时，处于紧张状态的心脏、躯干和四肢会得到迅速放松。在开心笑过之后，全身会有一种如卸掉了重担似的轻松感。

其次你要学会倾诉。将心中的焦虑坦率地说出来，能使人感到踏实。特别当对方是一位有相同经历的长者时，他更能帮助自己。如果羞于启齿，不妨在信中写下自己内心的感觉，寻求对方的帮助。

再次你要增加信心。自信是治愈神经性焦虑的必要前提。一些对自己没有信心的人，对自己的能力是怀疑的，他们夸大自己失败的可能性，从而忧虑、紧张和恐惧。因此，患有焦虑症的女性，必须首先自信，减少自卑感，当她每增加一次自信，焦虑程度就会降低一点，恢复自信，也就能驱逐焦虑。

另外，你要学会放松呼吸。人在焦虑时心跳加快，呼吸急促，因此缓慢地做深呼吸可以使人镇静下来。深呼吸的时间可长可短，一般在 2 ~ 10 分钟之间。

在学习、工作、生活中，女性遇到挫折是很平常的事，偶尔产生焦虑也在所难免，当发现自己处于焦虑之中时，不要放任焦虑蔓延。这时，可以采取镇静的方法反思自己的生活方式，同时阅读有关焦虑的资料，来缓解焦虑。

研究证明，安静可以滋养自己的身体、思想和灵魂。安静有利于身体健康。在我们的身边，有害的城市噪声从来没有停止过，它们是你没注意过的持续性背景压力。协调你的听觉并注意什么声音使你感到不舒服。感受 5 分钟"没有噪声"的休息时间。交替性地关小或关掉任何没必要的有压力的噪声。

还可以强迫心理休息，以缓解焦虑。从过多的思考中间歇性地休息，可以把你的意识带回你的躯体。思维少一些就意味着自己的神经系统更平静。尽可能远离你的办公桌，在一个舒适的环境中享受美好的早晨和下午茶。听从身体的需求，渴的时候喝水，需要伸展运动时就做运动，绝不放弃一顿饭。另外，平静的思维与智慧和洞察力有直接的关系。

每天自我按摩，能缓解焦虑。按摩能使人放松。自我按摩能促进血液循环并且有助于身体排出毒素。为此，女性可以经常进行自我按摩。

哼歌也能赶走焦虑。把手放于头顶，微笑着，开始哼歌。感受由哼歌引起的震动，这种震动一直延伸至头顶。哼歌能消除杂念，舒缓头脑，放松面部肌肉，滋养神经系统。

假使眼前的工作让你心烦紧张，你可以暂时转移注意力，把视线转向窗外，使眼睛及身体其他部位适时地获得松弛，从而缓解眼前的压力。

放声大喊大叫也是缓解焦虑的一种方法。

在公共场所，这方法或许不宜。但当你在某些地方，例如私人办公室或自己的车内，放声大喊是发泄情绪的好方法。不论是大吼还是尖叫，都可适时地宣泄焦躁。

另外，多休息，保持睡眠充足是减轻焦虑的一剂良方。这可能不易办到，因为紧张常使人难以入眠。但睡眠越少，情绪将越紧绷，更有可能发病，因为此时免疫系统已变弱。因此，你一定要想办法正常入眠。

下面再为你介绍一种简单的舒解紧张、克服焦虑的方法：

取坐姿，把背部轻轻靠在椅子上，头部挺直，稍稍前倾，两脚摆放与肩同宽，脚心贴地；然后两手平放在大腿上，闭目静静地深呼吸三次，排除杂念，把注意力引向两手和大腿的边缘部位，把意念集中在手心。

你会感到注意力最先指向的部位慢慢地产生温暖感觉，然后逐渐地扩散到手心。这时，你心里可以反复默念："越是静下心来，两手就会越暖和。"这样，睁开眼睛，你就会感到头脑变得轻松了。

少一些嫉妒，多一点欣赏

意大利的菲·贝利在他的作品中写道：嫉妒是来自地狱的一块咝咝作响的灼煤。嫉妒的危害力和破坏力可见一斑。

嫉妒是一种负面情绪，是指自己的才能、名誉、地位或境遇被他人超越，或彼此距离缩短时所产生的一种由羞愧、愤怒、怨恨等组成的多种情绪体验。它具有明显的敌意甚至会产生攻击诋毁的行为，不但危害他人，也给人际关系造成极大的障碍。

众所周知，女性是最容易嫉妒的人群。所以，女性要正确看待嫉妒心理，善于将嫉妒转化为欣赏。

欣赏，是对幸福概念的一种认知，对他人的一种祝福。欣赏者必须具有愉悦之心，仁爱之怀，成人之美之善念，这是欣赏与嫉妒的区别所在。

欣赏是一种做人的美德。在生活中，每个人都有他的长处、他的优点，学会欣赏，不仅能使自己产生奋发向上的动力，而且能使被欣赏者产生自尊之心、奋进之力、向上之志。这样，欣赏与被欣赏就成为一种互动的力量之源。

善于欣赏的人，一定是宽厚和善的。欣赏周围的人，内心就少了许多的浮躁和不安，少了妒忌和攀比。欣赏会令人快乐，它能让你变得睿智、高雅、聪颖。欣赏别人，学着吸取优点，你整个人就会不断地完善自己，改变自己，超越自己。

而嫉妒和欣赏截然不同，嫉妒的女性心胸狭窄，心眼儿小，见不得别人比自己强，只要自己有一点不如人家，就会心生嫉恨，心潮难平，这种思想是要不得的。

女性产生嫉妒的原因有二：一是自己的需要得不到满足时容易产生嫉妒；二是在与他人比较时更容易产生嫉妒。

尤其是比较的对象和自己不分上下或不如自己时，这种情绪很容易转化为对别人的不满或嫉恨，就会寻找对方的不足，或认为对方之所以成功只是由于外部原因，通过诋毁对方达到自我心理上的暂时平衡。

嫉妒之女性必定不会正确看待自己。嫉妒使她漠视别人的长处，放大自身的优点，逐渐将自信沸腾至顶点，继而变为极端的自负。嫉妒之人必定不会被他人接纳。因为其不懂得用良好的心态去对待他人，只会抱怨张三的不是，责怪李四的不足。

为此，建议善于嫉妒别人的女性，应该化嫉妒为欣赏，当自己欣赏他人的时候，就会心情愉悦地看到他人的优点，努力向其学习，所谓"见贤思齐"就是这个意思。懂得欣赏的人，也懂得人应该与他人和谐相处，虚心学习他人长处，努力改正自身不足，不断提高完善自己。

如果你有过嫉妒之心，请将它认真清理，扔进垃圾桶里，只把对他人的欣赏以及对自己的自信留下。

嫉妒会让人迷惑，看不清自己。所以，作为女性应高度警惕自己的嫉妒心理，自觉抵制和克服嫉妒。

具有嫉妒心理的女性，不能正确地认识自己，更不会欣赏他人。总认为自己了不起，自己比别人强，看不到别人的优点和长处，一旦别人表现比自己出色，就会感到不舒服，从而产生嫉妒心理。

为此，克服嫉妒心理首先要接纳自己，认识自己的优点和长处，正确地评价、理解和欣赏他人。正确地认识他人，欣赏他人，嫉妒心理会在正确的认识中逐渐消除。

嫉妒心理往往来源于将自己的短处与别人的长处进行比较。为此，善于嫉妒的女性应该意识到，别人拥有再多也与自己无关，别人的成功并不意味着世界上的"成功人士名额"减少了，别人的成功并不能说明自己就成功不了。

建议有嫉妒心理的女性应保持比下有余的心态，当自己的嫉妒心起时，不妨看看周围那些不如自己的人，就会珍惜所拥有的一切。

嫉妒心理的另一个成因是心胸狭窄，要克服这种心理，就要加强修养，培养宽阔的新境界。一定要消除"我不行，我也不让你行"的既害己又害人的陈腐观念；树立起你行我更行的敢于竞争、敢于超过别人的拼搏竞争的观念。

用祝福的心态看待他人。当自己开始嫉妒他人的成就时，试着有意识地以诚心善意替代嫉妒心理，将嫉妒转为动力，把他人的成就作为自我激励的标杆。承认成功是需要辛勤努力、奋斗，再加上机遇，并真诚为身边成功的人祝贺。

当然，知易行难，尤其是当最好的朋友已功成名就，而自己仍在为生计而奔波时，应找到正确的宣泄渠道，比如与知心亲友谈谈自己的心情，如此有助于将负面情绪转化成正面的思维。当心中充满阳光时，必能善意、谦逊地看待对方的成就，并能欣然予以祝贺。

大凡嫉妒心强的人，社交范围都很小，视野也不开阔，只做井底之蛙，不知天外有天。只有投入团队群体里，才能消除自私狭隘的嫉妒心理。因此，多认识一些人，多结交一些朋友，就会消除嫉妒心理。

孔子说："三人行，必有我师焉。"这是劝诫人们要谦虚谨慎，要善于发现他人的优点，并向他人学习，而这样做其实就是将自己的嫉妒心理转化为对别人的欣赏。

一要学会公平竞争。竞争激励人奋进，如果把竞争本身看作目的，便会使人过于看重结果，很容易不择手段、不讲规矩。要明白凡是竞争总有输赢，不要把目的只放在输赢上，而是要注重竞争的过程，从中体会竞争的乐趣，形成健康的心理。

二要学会欣赏他人。要虚心学习他人的长处，发挥自身的优势，弥补自己的不足，在团结协助中形成良性竞争、共同发展的氛围。

欣赏是一种做人的智慧。欣赏别人是对我们自己的尊重，它可以拓宽自己的视野和胸襟。对于朋友或同事，欣赏是灵魂的一剂良药。建立友谊的过程，也就是有效表达自己欣赏对方的过程。只有对方发现我们给予的关心、尊敬、爱和期待，他才有可能朝向我们期待的样子不断努力，继而，我们和他们才会通过相互之间的尊重和喜爱使人际关系更和谐。

在工作中如果你是个突出的女人，可能时刻都会感受到嫉妒的存在。如果你遭人嫉妒，那么你该怎么办？这里为你提供以下几点建议：

一是化嫉妒为感谢。如果在同事当中有人因你的外表而忌妒你，不妨把你的美容方法传授给她，根据她的个人条件指点她的穿戴，让她变得优雅起来。当她因为你的指点而得到别人赞美时，她会非常感谢你的。

二是让出名利。如果你总是因为自己的出色而与同事的关系不好，最后会使自己变得孤立。而在事实上呢，为你带来荣誉的这些东西未必能带给你多少好处，反而会弄得你身心疲惫，那么你可以尽量多一些谦让，一些荣誉称号多让给其他同事，或者与他人共同分享一笔奖金或是一项殊荣等，这种豁达的处世态度无疑会赢得人们的好感，也会增添你的人格魅力，会带来更多的"回报"。

在生活和工作中，如果你想处理好复杂的人际关系，提升自己能得到很多人的欣赏，你就需要巧妙地处理好别人对你的嫉妒。

让自信去除自卑的阴影

自卑就是自己轻视自己，看不起自己。自卑心理严重的人，并不一定就是他本人具有某种缺陷或者短处，而是不能悦纳自己，自惭形秽。为此，女性应该克服自卑心理，努力使自己自信起来。

从心理学来说，自卑是一种消极的自我评价或自我意识。一个自卑的人往往过低评价自己，总是拿自己的弱点和别人的强项对比，觉得自己事事不如人，在人前自惭形秽，从而丧失自信，悲观失望，不思进取，甚至沉沦。通常情况下，女性心理自卑发生率高于男性，主要有客观和主观两方面因素。

客观原因：一是传统观念的心理渗透。它影响着女性的自立自强、心理健康；二是生活中不公平待遇造成的心理挫伤。父母重男轻女的种种表现；就业时女性面对的重重困难；女性被侵害的家庭暴力案件屡屡出现；重要领导岗位上凤毛麟角的女性形象，这些现实容易造成女性的心理失衡，产生自卑情绪。

主观原因：一是遭遇挫折和失败导致心理危机而得不到及时有效

的调适；二是自我意识偏颇，不能正确评价自己或对自己要求过高。

有自卑心理的女性，往往因为对自己不自信，一方面渴望得到别人的认同；另一方面又无法正视对自己的不满意，故而烦恼多多。

究其原因，是因为自卑的女性情绪低沉，郁郁寡欢，常因害怕别人看不起自己而不愿与人往来，缺少知心朋友，甚至内疚、自责；自卑的人，缺乏自信心，优柔寡断，无竞争意识，抓不住稍纵即逝的各种机会，享受不到成功的欢愉；自卑的人，常感疲劳，心灰意冷，注意力不集中，工作效率不高，缺少生活中的乐趣。

现代女性由于气质、文化修养及生活环境不同，脾气性格也不同。但无论哪种自卑都是不正常的心理活动，自卑若潜入女性心灵之中后，她的大脑皮层会长期处于抑制状态，而绝少有欢乐和愉快的心态，有的只是各种烦恼，再由这些烦恼而引发其他一系列生理反应，如生理功能得不到充分的调动，不能发挥它们应有的作用；同时内分泌系统的功能也因此而失去常态，免疫系统功能下降，抗病能力也随之下降，从而使人的生理过程发生紊乱，出现各种症状。

自卑实际上是一种自寻烦恼的自我折磨，因为这种有害心理不会给人以激励，不会给人以力量，反而只会摧垮人的身心，盗走人的骨气。容忍它的存在真是有百害而无一利。

自信就是自己相信自己，对自己有自信心，信心十足。自信与自卑和一个人的行为表现有密切的关系，有自信的人走路时往往是抬头挺胸，意气风发，脸上常带自信的笑容，并精神抖擞。而缺乏自信的人，则无精打采，言谈屡弱无声，并一脸忧郁表情。

自信会让女性无比美丽，而自卑则能让女性无比憔悴。自卑情绪严重的人，除了自己得不到快乐外，在事业上也不会得到更大的成功。

相反,那些成就巨大的人,都是心胸广阔和信心十足的人。任何困难对自信的人来说,都可以克服和战胜。为此,女性要想获得一个成功的人生,就必须克服自卑,让由自卑而引起的烦恼远离自己,让自信为自己撑起一片蓝天。

日常生活中,常常看见有不少职业女性,情绪特别低落,无论对工作,还是对生活,都是心灰意冷,失去了奋斗拼搏、锐意进取的勇气。

从心理学的角度讲,这是一种自卑情绪的流露,若不及时纠正,不仅削弱斗志,最终还会酿成疾病,自误终生。为此,女性应该改变自卑的心理。

改变自卑的心理首先要正确认识自己。要克服自卑心理,首先要学会自我欣赏和自我激励,要善于发现自己的优势和潜力,并努力发挥优势、挖掘潜力,弥补自己的不足。

容易自卑的女性首先要正确认识自己,要善于发现自己的优点,肯定成绩,以此激发自己的自信心,不要因为由于自己某些缺点的存在而把自己看得一无是处,不能因为一次失败就认为自己什么都干不了。

其次要坦然面对失败。自卑的女性心理防御机制多数是不健全的,自我评价认知系统多数偏低。因此,遭受挫折与失败的时候,不怨天尤人,也不轻视自我,客观地分析环境与自身条件,这样就可以找到心理平衡,就会发现人生处处是机会。

其三要树立自信心。没有自信必然会导致自卑。当女性对自己缺乏信心时,往往会低估自己的能力,认为自己什么也做不好,从而不愿意行动起来,错过很多机会。自卑的女性缺乏的不是能力,而是自信心。只有相信自己,积极进取,才能取得成功,消除自卑的心理。当问题出现时,充满自信的人会认为自己可以解决这个问题,会全身心地投入其中，解决问题。因此，要消除自卑心理，就要树立自信心。

其四要多与人交往。自卑的人多数比较孤僻、内向，不合群，常把自己孤立起来，很少与周围的人交往，缺少心理沟通。自卑者应多参加社会活动，感受他人的喜怒哀乐，丰富生活体验；通过与人交往，可以抒发被压抑的情感，增强生活勇气，走出自卑的泥潭；另外，通过交往，还可以增进相互间的友谊、情感，使自己的心情变得开朗，恢复自信心。

其五是给自己希望。在这个世界上，有许多事情是我们所难以预料的。我们不能控制机遇，却可以掌握自己；我们无法预知未来，却可以把握现在；我们不知道自己的生命到底有多长，却可以安排好现在的生活；我们左右不了变化无常的天气，却可以调整自己的心情。因此，每天给自己一个希望，让自己的心情放飞，让自卑随风而去。

征服畏惧，战胜自卑，不能夸夸其谈，止于幻想，而是要付诸实践，见于行动。要达到这个目的，建立自信心是最快、最有效的方法。下面为女性介绍一些有效地战胜自卑心理、树立自信的方法。

一是发现自己的长处。发现自己的长处是自信的基础。但在不同的环境里，优点显露的机会并不均等。为此，女性要在回忆过去成功的经历中体验信心。同时，更要多做，力争把事情做成，从中受到更多的鼓舞。在尝试中，我们会有失败和错误，但我们应该坚信科学家爱迪生所说的话："没有失败，只有离成功更进一点。"

二是坐在最突出的位置。在各种形式的聚会中，在各种类型的课堂上，后面的座位总是先被人坐满，大部分占据后排座位的人，都希望自己不会太显眼。而怕受人瞩目的原因就是缺乏信心。坐在前面能使人建立信心。

因为敢为人先，敢上人前，敢于将自己置于众目睽睽之下，就必须有足够的勇气和胆量。

久而久之，这种行为就成了习惯，自卑也就在潜移默化中变为自信。另外，坐在显眼的位置，就会放大自己在他人视野中的比例，提高反复出现的频率，起到强化自信的作用。

为此，自信心不足的女性要把这当作一个规则来试验，从现在开始就尽量往前坐。虽然坐前面会比较显眼，但要记住，成功的人都在最显眼的地方。

三是正视别人的眼睛。眼睛是心灵的窗口，一个人的眼神可以折射出性格，透露出情感，传递出微妙的信息。不敢正视别人，意味着自卑、胆怯、恐惧；躲避别人的眼神，则折射出阴暗、不坦荡的心态。

正视别人等于告诉对方："我是诚实的，光明正大的；我非常尊重你，喜欢你。"因此，正视别人，是积极心态的反映，是自信的象征，更是女性个人魅力的展示。

四是昂首快步前进。研究认为，有自信的人走路都很快。反之，懒散的姿势、缓慢的步伐是情绪低落的表现，是对自己、对工作以及对别人不愉快感受的反映。

为此，建立自信，女性应该首先通过改变自己行走的姿势与速度，来克服自卑，带来自信。

五是大胆发言。在团队讨论中，很多女性从来不发言，因为她们害怕被别人嘲笑。一般而言，人们的承受力比想象的更强。建立自信的一个方法就是努力在团队讨论中大声说出自己的想法，这样就对自己更有信心。

六是微笑面对他人。我们都知道笑能给人自信，它是医治信心不足的良药。但是仍有许多女性在亲身经历时做不到这一点，因为在她们恐惧时，从不试着笑一下。笑不但能治愈自己的不良情绪，还能化解别人的敌对情绪。为此，女性应该真诚地向见到的每一个人微笑。

总之，自信是治疗自卑的良药，只要我们勇敢地挺起胸膛，迎接各种各样的挑战，你就会惊奇地发现一个崭新的自我。

如果你觉得上面建立自信的方法不容易做到的话，以下再为你介绍一些通过日常行为增加自信的方法。

一是穿着得体。尽管衣着不能决定一个人的优劣，但衣服的确能够影响人的自我感觉。没有人比你更注意自己的外表。当你的衣着看起来不太好看时，你的行事方式以及和别人交流的方式就会改变。因而，你可以通过好好打理自己的外表来增加自己的优势。常沐浴，穿干净的衣服以及换个最新款式的打扮能帮助你取得重大的进步。

二是有感恩的心。对人对事抱着感恩的心，你的生活就会充满阳光，你也会变得更加自信。

三是学会赞美他人。我们要养成赞美他人的好习惯。不要对别人造谣中伤，而应该称赞身边的人。由此，你将变得招人喜欢，还能建立自信。看到旁人最好的方面，你将直接激发自己好的一面。

四是关注社会。我们不应太过关注自我欲望的满足而很少关心他人的需求。如果你少考虑自己且专注于自己对这个社会的贡献，你就不会如此担心自己的缺点了。这样可以增加自信，能让你最有效地为社会做贡献。

从现在开始告诉自己：我一定行！

浮躁是一切问题产生的根源

浮躁是指做事无恒心，见异思迁，不安分守己，总想投机取巧。这是一种病态心理表现，其特点有心神不宁，焦躁不安，盲动冒险等。人浮躁了，会终日处在又忙又烦的应急状态中，脾气会暴躁，神经会紧绷，长久下去，会被生活的急流所裹挟，应该引起女性的注意。

浮躁就是心浮气躁，是成功、幸福和快乐的大敌。从某种意义上讲，浮躁不仅是人生大敌，而且还是各种心理疾病的根源。

概括起来，现代女性的浮躁之风分为三类：对现有目标的专注度不够、对现有目标的耐心度不足以及现有的目标不切实际。一般说来，女性产生浮躁的心理原因主要有以下两个方面。

首先是社会方面。主要是社会变革，对原有结构、制度的冲击太大。伴随着社会转型期的社会利益与结构的大调整，每个人都面临着一个在社会结构中重新定位的问题，于是，心神不宁、焦躁不安，就不可避免地成为一种社会心态。

其次是个人主观。个人间的攀比是产生浮躁心理的直接原因。"人比人，气死人。"由于盲目攀比，对社会生存环境不适应，对自己生存状态不满意，于是过火的欲望油然而生，使人显得异常脆弱、敏感，稍有诱惑就会盲从。

浮躁是一种冲动性、情绪性、盲动性相交织的病态社会心理，它与艰苦创业、脚踏实地、励精图治、公平竞争是相对立的。浮躁使人失去对自我的准确定位，使人随波逐流、盲目行动，必须予以纠正，其克服方法如下。

一是不能盲目攀比。"有比较才有鉴别"，比较是人获得自我认识的重要方式，然而比较要得法，即知己知彼，知己又知彼才能知道是否具有可比性。例如，相比的两人能力、知识、技能、投入是否一样，否则就无法去比，从而得出的结论就会是虚假的。有了这一条，人的心理出现失衡现象就会大大降低，也就不会产生那些心神不宁和无所适从的感觉。

二是要有务实精神。务实精神就是"实事求是，不自以为是"的精神，是开拓的基础。没有务实精神，开拓只是花拳绣腿，这个道理应是人人都懂的。

不能崇尚拜金主义、个人主义、盲从主义，考虑问题应从现实出发，不能跟着感觉走，不能做违法违纪的事，要懂得命运掌握在自己的手里，道路就在脚下，看问题要站得高、看得远，做一个实在的人。

产生浮躁的原因是复杂的，但只要我们客观地认清自我，脚踏实地地生活和工作，就一定能慢慢祛除这个不良的习性。

女性朋友，你有浮躁心理吗？如果你有如下症状或表现，就说明你已处在浮躁之中：

　　一是做事无恒心，见异思迁，总想投机取巧。
　　二是面对急剧变化的社会，心中无底，心神不宁。
　　三是在情绪上表现出一种急躁心态，急功近利。
　　四是行动之前缺乏思考。

要克服浮躁，就要客观认识自己，不盲目与别人攀比，一心向着自己的目标前进。只有这样，你才能以良好的心态做好自己的事，实现最终的目标。

克服自卑，秀出最出色的自己

自卑是我们女性成功的敌人，是我们生命的绞索，似阴影般地遮蔽了阳光与鲜花，也遮住了我们的心灵。它使我们变得胆怯、懦弱，经不起生活的风吹雨打。

自卑是因为过多地自我否定而产生的一种自惭形秽的情绪，也是一种自尊的体现，当人的自尊需要得不到满足，又不能恰如其分、实事求是地分析自己时，就容易产生自卑心理。

自卑是女性心理不健全的体现，当我们的自卑心理形成时，就会从怀疑自己的能力到不能表现自己的能力，从怯于与人交往到孤独地自我封闭，甚至看不到自己的长处，不敢发挥自己的优势与人竞争，往往阻碍自己的发展。因此，我们应该挑战自卑，做最好的自己。我们要大声告诉自己："我可以！"

可是我们许多女性朋友却因为这样或那样的原因，存在着程度不一的自卑心理，我们应该如何挑战自卑，克服自卑，成为一个自强的人呢？下面这个故事也许对我们有所启发。

　　我既没有骄人的外貌，也没有横溢的才华。在公共场合，我总是沉默寡言，很少发表自己的意见，总认为我的意见可能没有价值，说出来，别人会笑话我，还是别说为好。一直认为自己是只丑小鸭，而且永远变不成白天鹅。

偶尔从报刊上看到一则有趣的故事：

妈妈带儿子去动物园看大象。大象拴在矮矮的木桩子上，儿子的脑子里就产生了疑问："妈妈，这么大的象，一定很有力气，可是它为什么不挣断这细细的链子逃跑呢？"

妈妈告诉他："这头象刚来到这里的时候还很小，当时就被拴在这小木桩上。它当时很想挣断链子跑掉，可是由于力气小，每次都失败了，于是就失去了挣脱链子的信心。尽管它一天天长大，但不知道现在自己有很大的力量，用力挣一下，就能逃脱。它不敢这样想，当然也就不会这样去做，因而只好永远被锁在这里，老死在这里了。"

看完故事，对照自己，我明白了，原来是低估了自己，对自己缺乏信心。因此我下定决心改变我自己，克服自卑心理。当然战胜自卑，不能流于口头，必须付诸实践，见于行动。于是我开始以实际行动改变自己。诸如：课后主动和同学攀谈，课堂上敢于大胆回答问题，并提出自己的异议。面对别人不屑的目光，我学着傲然面对。

一次特殊的经历，使我彻底从自卑的阴影中走了出来。

那是一个风和日丽、阳光明媚的早晨，语文老师进教室就说："同学们，下周开展一项'我来当老师'的活动，谁想尝试一下讲课，自愿报名。"

老师话音一落，班里就炸开了锅，沸沸扬扬。我犹豫了一下站起来说："老师，我可以讲吗？"

老师用疑惑的目光看了我一会儿后坚定地说："好。"

讲课那天，我信心百倍地走上讲台。可是，面对同学们的嬉笑，我的额头开始冒汗，两眼不敢直视他们，"同，同学们……"

"哈……"教室里炸开了锅。

我的眼泪都快流出来了。突然，我见到了老师充满期待和信任的眼神，我鼓足勇气。

"同学们，今天我们来学习……"渐渐地我不再害怕，不再发抖，开始正视同学们充满了鼓励、羡慕的眼睛。我滔滔不绝地讲了下去，甚至连自己都惊讶：我哪来的这样好的口才？

"好，这节课就上到这里。同学们如果有疑问请下课来找我，急盼赐教。"我深深鞠了一躬，俨然一副老师的样子。同学们爆发出热烈的掌声，我便在这掌声中陶醉了……

这节课就好像是老师刻意为我安排的，它像一道闪电，驱走了我心中的阴影，我的性格从此变得开朗，我的生活不再是索然无趣，而是充满了阳光。

学校举办辩论会，我站在了队伍的最前列，课后，为一道题的答案正确与否，我和同学们争得面红耳赤，我再也不自卑了……

看完这个故事，我们是不是有所启发呢？其实，自卑并不可怕，只要我们像故事中的"我"一样，就能一步步地克服自卑心理，找到自我。

女性朋友，让我们从认识自卑开始吧！自卑是一种心理不健康的表现，是影响女性身心健康成长的大敌。

自卑是阻止我们成功地桎梏，它让我们在交往中缺乏自信，它让我们缺乏胆量，畏首畏尾，没有自己的主见。

自卑者总是能不停地找出优秀者的优胜之处，然后拿它们同自己的薄弱环节相比。于是，站在球场上看到别人动作灵活，我们便为自己笨得像牛而黯然神伤。比起优等生，我们总是记不住繁复的定理，在不算复杂的逻辑演绎中，我们感到头昏脑涨。

可是，我们为什么不告诉自己"我也有长处"？

一个高中生说，无论在车站等车，还是走进教室，他总是觉得有许多人在盯着他，挑剔他。为此，他处处不自在，坐卧不安，站立不稳，走路时也不自然。

淹没在这种情绪中的原因是综合性的，这是自卑青年的共同特征。如果无力改变穿戴陈旧的不合体的服饰，留自己不喜欢的发型，我们就会怀疑别人在嘲笑自己土气。如果认为自己不漂亮，驼背、脖子长或腿短，也会感到周围的人把自己当成了怪物。

但实际上，这些幻觉不难破除。如果我们提醒自己："不必太在意。"我们就会像一般人一样，恢复常态。如果我们的理智更进一步地告诉自己说："没人注意你！"我们便会更加轻松。

事实也是如此，人们的眼睛通常是落在最美或最丑的事情上的，最容易忽略的恰好是一般的人和事。我们没有穿绫罗绸缎，也没有麻布加身，既不是美人，也不是丑八怪，因此我们身上没有过于吸引人的东西。

至于我们的内心世界，只有我们自己才会知道。此外，我们可以多交些朋友，与他们时常往来，或者坚持几种高强度的竞技锻炼，最终会连根去除那些怕人知道的心病。

自卑者信心不足，一旦遇到挫折，情绪会更加低落。我们常常羞于放声开口，来表达自己的思想。

在开会或上课时，自卑的人不敢坐在前排，不敢在大庭广众之下行动自如。就连敲别人门的时候，也惴惴不安。别人无心的一句话，会让我们想上很长时间。但是，如果我们不想与公众生活脱节，我们就该催促自己说："不妨试试看！"

最关键的是，我们一定要明白："错了没关系。"如果我们强求完美，情况会很糟。假如放弃尽善尽美的标尺，我们反而会得心应手。

女性朋友们，让我们携起手来，向自卑说"Bye Bye"吧！我们要相信，美好的未来属于我们充满自信的新一代。

第四章
做优雅的职场女性

匆忙中透出一份闲适，谦和里显出睿智机敏。这是有些女性在职场里表现出来的优雅姿态。一个女人，如何在竞争激烈的职场里练就出如此优雅、淡定的气质呢？

职场是一个小社会，涉足其中就必须遵守规则，更需要用强大的精力去应对，要想练就出一种娴静、淡雅的神韵，不是简单的一句话能够说明的，你必须用心去体会，用脑去思维。

形象好会为事业加分

女人的"形象"是一个女人外表与内在结合而留下的印象，无声而准确的讲述着你的故事，你的年龄、文化、修养、社会地位……

曾担任美国三位总统的礼仪顾问的威廉·索尔比说："当你学会怎样包装自己时，它就会给你带来优势。它是一种技能，是你能够学会的技能。"

很多成功和美丽的女性无一不在乎自己的魅力形象。但是也有许多女人不知道她们不能到达成功的目标是由于不具有形象的魅力。对生活在竞争激烈的社会中的人，尤其是我们女人来说，优美而充满魅力的形象在竞争中占有绝对的优势，它是取胜的基础。

不少女性对天生漂亮的女性都有一种嫉妒心理，其实，在这个世界上，没有丑女人，只有懒女人。不愿意用时间来装扮自己的女人，请不要对其他的美丽女人心生嫉妒不满。

让我们来看看下面这个故事吧：

怡静是一家广告公司的老总，在35岁以前她面对需要唇枪舌剑激烈辩争的对手时，总显得底气不足缺乏信心，一身单调的职业装以及一头冗长的头发，让她在谈判的关键时刻倍感压抑。

之后一个偶然机会，她接受了形象设计公司的专业指导，在形象设计师的坚持下，怡静剪掉了留存多年的长发，换上了一身庄重并富有朝气的高档套装。

从此以后，她总能以优雅干练、精神饱满的面貌出现，并自信地保持自己的立场，游刃有余地坚守底线，而对手只能屈服在这个焕然一新的女强人面前。

怡静的改变，首先在于我们还原了她本来的女强人形象。按照设计师的理解，怡静缺乏自信，源于先前大众化的外在形象抑制了她更高标准的追求以及降低了她企业领导人形象的权威度，为此从形象入手，让其形象与其能力、地位相符合，进而激发释放被压抑的潜能。

社会上像怡静这样因受外在形象的羁绊而徘徊于成功边缘的人士比比皆是，但遗憾的是，绝大多数人没有意识受羁绊的根源所在，而能意识到接受形象设计是有助于突破这一瓶颈的人更是少之又少。

很多女人都认为：只有明星才有必要接受个人形象设计，但真正向往着成功的人士，此时已经深谙了"不在其位，不谋其政"另一面所隐含的深意，那就是"欲谋其政，先处其位"。

怡静原先只是一个小老板，但是她心存高远，于是辟出专款聘请了一位专业私人形象设计师，以同城精英为示范为自己量身定做了一套"女性精英"的形象行头。

像穿着打扮、言谈举止，都有讲究，其中还重点包括了在公开场所的出现都做了精心的安排，譬如如何走下汽车、如何与人握手、如何步入会场，以及在大小型庆祝活动中的问候方式、语调等等，都要严格按照规定进行。

经过一番严格训练，这位小老板的举手投足与真正的"大老板"们并无二异，进而得到圈内的认同，于是生意做大，成了真正的大老板。

西方有句名言："你可以先装扮成'那个样子'，直到你成为'那个样子'。"这与中国古语说的"近朱者赤，近墨者黑"是一个道理。"看起来就像个成功者"对于追求成功的人而言更加重要，在外形上接近成功者是自己思想和行动上走向成功的最关键一步。

事实正是如此，有远见的领导者和上司也相信那些乐于学习自己优点、有信念、自信的下属，除非真是"扶不起来的阿斗"，那么既然你都愿意通过形象设计来模仿楷模，那领导还有什么理由拒绝给你展现的机会呢？

你是否曾经因为一个小小的细节而对某人印象大打折扣？你是否曾经遇到过一个人，在第一次见面时就被他的职业气质所打动？

以貌取人，我们许久以来一直很不齿的行为。但是，无论是在商务活动还是日常生活中，对方就是要从你的外貌来判断你的性格、你的品位、你的实力、你的素质，以致你的公司。

或许，你还没有意识到，你的形象和细节价值百万。对女人来说，形象不仅能够为你的事业加分，而且能让你获得异性更多的青睐，能够让你的家庭更加幸福，感情更加美满。

笑容是你最美的招牌

在人生的旅途上，最好的通行证就是微笑，因为当你笑时，整个世界都在笑。微笑是一种富有感染力的表情，你的快乐情绪可以马上影响你周围的人，为深入沟通与交往创造温馨和谐的气氛。所以，人们把微笑比作人际交往的润滑油。

有一名女大学生，虽然她的成绩很好，但校园里的那些帅哥和靓妹们还是经常嘲笑她，叫她"超级恐龙"，更有甚者干脆直呼她"夜叉婆"。

每当同学这样叫她时，她非常气愤和羞愧，但却无可奈何，有时甚至掩面大哭。人们常说，大学的生活最美好，可她的生活就像在炼狱里一样，她也总是试图躲避人们的视线，甚至躲在宿舍里不敢出来。

有一天，当她又因为同学的嘲笑而暗自垂泪的时候，被管理校园花草的师傅看见了。问明原委后，师傅告诉她一些能使人变漂亮的秘诀：

第一，脸上经常挂上笑容，遇到同学甭管他如何对待过自己，都要主动亲切地打招呼。第二，绝不自伤自怜，学会坚强勇敢，别总是把自己的长相放在心上。第三，乐于助人，用一颗友善的心去对待别人。

其实，师傅教给女生的方法，就是一种智慧。师傅说："只要你能照着这些秘诀去做，三个月后，你一定会变成全校最有吸引力的姑娘。"女生听从了师傅的话，全心全意地按这些秘诀的要求去做。

精诚所至，金石为开。没有多久，同学们对她的态度发生了巨大变化，不再嘲笑和讽刺她，她果真成了全校同学中最受欢迎、最有人缘、最易于相处的人了。

而且，由于她的脸始终是微笑着的，就像五月的丁香花一样，虽不美丽，却很宜人。所以同学们都说："原来她并没有那么丑，还是很漂亮的啊！"

现实生活中，微笑可以使女人的烦恼烟消云散，可以消除人与人之间的隔阂，可以为你带来职场上的幸运……

一家信誉特好的连锁花店，高薪聘请一位售花小姐，招聘广告张贴出去后，前来应聘的人有四五十个。经过仔细的筛选后，老板选出了三位女孩，让她们每人经营花店一星期，以便最终挑选一人。

这三个女孩长得都很漂亮，很适合卖花。她们一个曾经干过售花工作，经验丰富，一个是花艺学校的应届毕业生，余下一个只是一位待业青年。

曾经有过售花经历的女孩一听老板要以实战来考验她们，心中窃喜，毕竟这工作对于她来说是驾轻就熟。每当有顾客进来，她就不停地介绍各类花的花语以及给什么样的人送什么样的花，几乎每一位顾客进花店，她都能说得让人买去一束花或一篮花。一个星期下来，她的成绩非常不错。

轮到花艺女生经营花店时，她充分发挥自己所学的专业知识，从插花的艺术到插花的成本，都精心琢磨，她甚至联想到把一些断枝的花朵用牙签连接花枝夹在鲜花中，用以降低成本……她的专业知识和她的聪明，为她一星期的鲜花经营也带来了相当好的业绩。

待业女青年经营起花店，则有点放不开手脚，甚至刚开始还有一点手足无措。然而，她置身于花丛中的笑脸简直就是一朵花，从内心到外表都表现出一种对生活、对工作的热忱。

一些残花她总舍不得扔掉，而是修剪修剪，免费送给路过花店的小学生。而且每一个买花的顾客，都能得到她一句甜甜的祝福："鲜花送人，余香留己。"这听起来既像女孩为自己说的，又像是为花店讲的，也像为买花的顾客讲的，简直是一句心灵默契的心语。但是，女孩努力地干了一星期，她的业绩和前两个女孩相比还是有一定的差距。

出人意料的是，老板最终竟然选择了那个待业女青年。许多人不理解，为何老板放弃业绩好的女孩，而偏偏选中业绩差的女孩？

而老板自然有他的道理，他说：用鲜花挣再多的钱也只是有限的，用如花的心情去挣钱才是无限的。花艺可以慢慢学，经验可以积累，可如花的微笑不是学来的，因为这里面包含着一个人的气质、品德……

女人的笑容因给予自己和身边的人以幸福快乐而更有魅力。可以想象，脸上总挂着笑容的女人，她们的心灵是多么的美好。而她们的未来，也是可以预见的幸福。一个真正懂得微笑的女人，总能轻松穿过人生的风雨，迎来绚烂的彩虹。

生有时候就是一面镜子，你对着它微笑，它也会同样地还给你。查理·威利有一句名言："挂上笑容你才算是穿戴整齐。"聪明的女人要懂得微笑的价值，让你的微笑像五月的丁香花一样开放。

赢得人心者事业也兴旺

作为一位出色的女主管，你是否听过下属在背地里这样的抱怨："她的能力是很不错，人也很漂亮，可是对人像冰山似的，冷得让人心里发怵。""她不就是能力强一点吗？那也没必要把别人贬得一无是处啊！"

甚至你手下的男员工还会这样怨声载道："她跟所有的男人都有仇啊，为什么总是对我们冷冰冰的，真是让人看了就怕的女人啊！"

当然不是所有的女主管都是不解温柔的冰山。可是在职场上，总是不乏那种做事雷厉风行，平时不苟言笑，对待自己和下属处处苛求的女主管。

虽然她们能够制作出完美无缺的策划；虽然她们的铁腕也使自己能够在竞争中开疆破土，勇往直前，甚至无往不胜；虽然她们的冰颜可以使自己的下属安分守己、如履薄冰。但是她们冰冷的外壳、盛气凌人的架子使她们疏远了自己的团队，使自己变成了空中楼阁或孤家寡人，成了一个无兵可带的将军，一旦硬仗一起，即使她是一位战神，仍会陷于"好汉难敌四手，饿虎害怕群狼"的境地，最后可能会落得一败涂地。

成功的女主管，不是用高高在上的姿态来压服手下众人，也不是用怒喝来纠正下属的错误。她们虽然非常重视职场的原则，但是在执行原则的过程中，却不缺乏灵活性。

她们熟谙职场纪律的重要，但是在严肃的办公室政治里，却总是不忘注入自己特有的温柔。她们积极倡导男女平等，但是工作之中，她们不会高呼女权主义，动不动摆出一副不可一世的样子。

成功的女主管，应该是一个自信而不张扬、不霸气的女性。她们超越男人，而不是把男人踩在自己的脚下；是让自己像他们一样在职场上自由舒展、平等竞争，和自己的下属共同缔造一个和谐的团队。

成功的女主管，应该是一个"海纳百川有容乃大"的女性，职场上的工作方式是多种多样的，只要符合工作规则，她们不会对自己的下属指手画脚、说长道短，让他们无法施展自己的所长。

成功的女主管，能够包容别人的习惯，懂得尊重别人的选择，认同别人的工作方式，肯定自己下属的能力，毫不吝啬地夸奖自己的下属。

作为管理者，你端起了架子，就等于拿着一把锋利的"双刃剑"；在处理工作上的问题时，强硬的态度既会伤着别人，也会伤着自己，更会给工作带来不必要的麻烦。

江兰是一家公司的部门经理，在公司之中，素有"冰山美人"之称。因为在她的意识之中，上司和下属之间应该保持一段距离，否则下属会利用你的温柔和仁慈，跟你没大没小，难于管理。而且身为女性主管不严厉些，更容易被男性下属利用和欺负。

久而久之，她的下属一方面佩服她的冷静、干练，另一方面又十分讨厌她做事的冷硬和霸道，更是没有人敢在没有紧急事情的状况下，去敲她办公室的门，因为没有人喜欢被她的冷言冷语给"冻伤"。

一个新来的女孩，并不熟悉她的工作作风，在做完企划案后，兴冲冲地敲了她办公室的门，其结果是仅仅有些小瑕疵的企划案被她扔给了女孩，并说，没有成型的东西，没必要拿给她这个主管看，她的时间很宝贵，没有时间来收拾垃圾。

女孩哭着跑出了办公室……

结果，她的专制导致了部门内部的业绩下降，上面为她配了一个副手，陈嘉。

新来的陈嘉用女性特有的温柔缓和着办公室冰冷的气氛，但是在工作上，她又处处跟江兰产生争论，让江兰感觉到自己的权威受到了威胁。在一次加班中，陈嘉问她："今天为什么要我们集体加班？"

她冷冷地说道："没有为什么，我是主管，我叫你们加班就得加班，问那么多于什么？"经过几次这样的情形之后，陈嘉觉得在盛气凌人的江兰面前她无法开展工作，于是，她向上级反映了情况。

江兰知道后，十分生气地质问自己的下属，是愿意跟着陈嘉，还是愿意跟着她？下属们没有说话，而是把目光投向了陈嘉。

江兰像一只斗败了的公鸡，垂头丧气地递上了辞呈。

管理者不是单打独斗的江湖侠客，而是一个相互合作的团队的领导人，你盛气凌人、藐视一切，只会令自己陷入孤军奋战的境地。

在一个团队之中，没有绝对的权威，因为每一个人都各有所长，大家只有互补，才能发挥出团队的最大力量，而作为管理者，你如果把自己置于至高无上的地位，你将无法看清自己的真正优势，也丧失了与人合作的基础。团队因此丧失了向心力、凝聚力，你也就丧失了团队的中心位置。冰山式的外表、命令式的说话口气不会使你重新获得管理者的威严，而只会让你的下属跟你背道而驰，越走越远。

办公室是一个人与人相处、人与人协作的地方。而你管理的是一个个有感情、有思想的人，而不是操纵着冷冰冰的机器。

无论什么事情，都拿公司的规章制度生搬硬套，是在为自己跟下属的关系之中设定许多藩篱，虽然减少了"以下犯上"的情况，可是你的办公室却也变成了"一言堂"，低气压也会在办公室的上空肆虐低垂，妙谋良策、群策群力和凝聚力都将离你而去，那时你再慨叹你的生硬冷酷，已是悔之晚矣。

因此，成功的女性管理者的性格犹如铜钱，应该外圆内方，外表温润如玉，内心却坚如磐石。用自己的"圆"，把人文关怀引入自己的管理之中，和谐处理自己与下属的关系；用自己的"方"，把握工作原则，照章办事，公私分明。

"得人心者得天下。"作为女主管，一副冷冰冰的面孔倒不如和颜悦色更令人佩服，更能把下属聚成"一块铁板"。你放下架子，赢得了人心，也就赢得了员工的工作激情。而一个始终能够保持激情的团队，是一个能把全部身心投入到工作之中的团队，企业的成功会由此而来，你个人的成功自然也就是水到渠成。

巧妙应对暧昧男上司

当上司频频邀你外出的时候，即使他真的没有非分之想，你也要小心注意了，因为这说明以后的日子里他很快就有所行动了。

叶小姐在一家规模很大的医药公司做销售。这是一份极具挑战性的工作，无论在与人的沟通、对专业知识的掌握、对市场的把握，还是在体力的支配上，都要承受不同寻常的考验。叶小姐常常是几个小时前还在约见客户，几个小时后就飞到别的城市了。

在公司，每个人的销售业绩都是公开的，当你总是完不成公司定额的时候，你会感到有一种无形的压力。当你承受住了这种压力，让自己的业绩一直在节节攀升时，会因此受到顶头上司、销售部经理及老板的青睐。

叶小姐刚进公司时，就碰上了一个对公司来说相当重要的国外大客户。谈判一开始，对方就拿来一些国际惯例跟她谈。由于双方文化背景、思维方式、运作方法的不同，谈判很快陷入了僵局。但是叶小姐绝不轻言放弃，她一遍又一遍地研究对方，一星期下来，谈判终于成功了。

为了奖励叶小姐，老板请她出去吃饭，叶小姐也欣然接受了邀请，此后老板便经常请叶小姐吃饭，打保龄球、桌球、壁球，多半是借口庆祝叶小姐的出色表现和业绩。

有时叶小姐并不想去，但看到他那诚恳的眼神，又想想他是自己的上级，就不好意思拒绝了。而老板每次出差还都为她带回些别致的小礼物，这当然逃不过外人的眼睛。

一来二去，难免有人在背后议论叶小姐和她的上司，这其中不乏对叶小姐的出色表现心怀妒忌者。老板听后淡淡一笑，叶小姐却苦恼不已。

相恋两年的男友听到传闻后深信不疑，他揣测好强的叶小姐一定是利用了上司才做出那么骄人的成绩的。叶小姐怎么解释他也听不进去，而老板眼神里的暧昧也是叶小姐一想起来就烦恼的。

其实，许多白领女性经常遇到这种情况，那么怎么办呢？要学会拒绝，要掌握说"不"的艺术。

微笑是最好的回答。当你遇到一个需要立即表示否定的问题时，微笑是说不的最好方式。

林小姐的上司约她去吃晚餐，林小姐就可以避免直接拒绝，而是微笑着做欲言又止状。"你有约会啦？"上司悻悻地问。林小姐微笑着点点头。"哦，真对不起！"双方在微笑中达成了默契，就不会留下令人尴尬的印象。

幽默也是说拒绝的绝妙方式。小宁是一位活泼可爱的女孩，很受大家的喜爱。她同大家都保持着一份纯真的友情，而其上司却对小宁一往情深。在一个月色迷人的夜晚，俩人坐在露天咖啡馆的圆桌旁，品着浓香沁人的咖啡，上司突然双手握住小宁的手，激动地说："你愿意做我的女朋友吗？"小宁马上反应过来，浅浅地一笑说："我难道不是你的'女朋友'吗？"上司惊讶地望着她。

小宁说："我们是朋友，而我又是女孩子，我当然是你的'女朋友'啦。"

上司立即明白了小宁话里的含意，放开她的手说："是哦，你就是我的'女朋友'。"

作为女人，无论什么时候都要有自己的原则，才有可能让上司的邪念变为敬重。

尊重别人，就是尊重自己

在办公室看似平静、实则激流暗涌的小世界里，你无意间知道的隐私也许是别人对你痛下杀手的原因；或者你因为急于改善目前糟糕的人际关系以求成为内部小圈子中强势一方的一员，这时你是不是自以为"聪明"地利用了自己所掌握的别人的隐私呢？

事实上，真正聪明且有心计的女人是绝对不会把传播别人的隐私当作趣事的，对她们来说，别人的私事不过是过眼的风景而已。

入职仅仅3天的张希雨，没有想到那个刚刚休假回来，坐在自己对面的人竟然是与自己住在同一小区的吴小娜。她清楚地记得半个月前吴小莎曾被几个人打得遍体鳞伤，从一个气势汹汹的女人接连不断的叫骂声里她知道吴小莎是别人丈夫的小情人。

吴小娜也认出了虽然面熟但彼此没有说过话的张希雨。她脸上霎时闪过的惊讶与不快使张希雨心里有一丝异样的感觉。果然，这位女同事不但没有给她任何帮助，而且同她的合作很不愉快。

比如常常是在快下班的时候，她会让张希雨整理出她所需要的文件；在周末做报表时她故意拖到很晚才把有关数据告诉张希雨，从而使张希雨每次交报表都很紧张；她在工作中会故意弄出一些失误，然后向经理解释说是张希雨没有配合她；她更是盯住那些与张希雨说话的人，然后转弯抹角地套出她们的谈话内容。因为张希雨与别人工作上的协调也很多，她便话里话外地警告她少管别人的闲事。

张希雨看出了吴小娜想在试工期的时候挤走她，只要她尚在公司一天，吴小娜的秘密就有被泄露的危险，吴小娜就一天也不踏实。

张希雨是聪明人，但她不愿与吴小娜发生正面冲突。然而当吴小娜又一次故伎重演把她的错误推到自己的头上时，一忍再忍的张希雨终于在下班后拦住了她。

两个人坐在空荡荡的办公室里，心怀鬼胎的吴小娜几乎不敢正视张希雨的眼睛，而张希雨则平静地对她说："我感到你似乎对我总有一些敌意，我不知自己的感觉是否正确，如果咱们的家不是住得很近，也许我们之间会相处得很好。"

吴小娜的脸上露出一丝尴尬的神色，张希雨相信这些话已向她点明了其实自己是知道总受习难的原因。张希雨接着说："我今天只想对你说明一事，我是来这里工作的，我对工作以外的其他事情毫不感兴趣，包括他人的隐私、爱好和家庭，即便我无意中知道了别人的一些私事，我也只不过把它当成过眼的风景。"

看到吴小娜松了一口气的样子，张希雨换了一种很轻松的口吻继续道："就像路边的野花，我虽然看见了，但却绝不会去采。"

吴小娜没有说一句话，但最后她轻轻地对张希雨说："咱们一起去吃晚饭好吗？"

后来她们成了一对很好的搭档。一年后，那个终于和老婆离了婚的男人与吴小娜喜结连理，张希雨送他们的礼物是一床绣着大朵大朵牡丹花的漂亮毛毯。

一次推心置腹却又观点明确的对话化解了张希雨的危机，而另一个因处理隐私不当而深受其苦的例子则告诉了我们职场生存的准则是什么。

在办公室做秘书的李佳无意中发现业务员鞠娜偷偷从电脑中调出别人的客户信息据为己有。李佳便把这件事告诉了老板的红人张丽，以此作为一个小小的讨好张丽的手段。

当张丽在与鞠娜的一次争执中讥讽她窃取别人的客户

时，恼羞成怒的鞠娜马上意识到这是李佳说的，因为那次只有李佳在场。于是在以后的工作中，鞠娜便经常向经理报告李佳工作中总有失误：比如打错了价单、传真没有及时发出、忘了把客户的留言转告她……

这样在一年一度的调薪时，李佳没有赶上那次涨幅高达30%的薪水调整，而张丽在经过这件事后并没与李佳的关系拉近，反而与李佳更加疏远起来。

张希雨对于隐私的避让成功在于她知道在办公室这种强调个人、排他利己、复杂敏感的小世界里，学会分清公众与个人、工作与私事的界限是立足职场的必修课，而尊重别人的隐私则是保护自己的最好方法。而自以为是的李佳之所以会空留懊悔，是因为她把同事的秘密当成了取悦别人的手段，须知排挤别人、拉帮结派、打击一方来取悦另一方其实是一种很不光明的行径，张丽最终没能成为李佳所希望的知己便是最好的证明。

其实，把握好同事间和平、互助、友好关系的尺度，以宽容、平和的心对待别人的隐私，实际上是在为自己减少惹来不必要危险与烦恼的机会。真正有心计的女人，是不会对别人的隐私抱有好奇心的，要知道有些事只能点到为止。只有善于给自己、也给他人留有自由呼吸空间的女人才会幸福。

大多数女人都会对别人的隐私抱有极大的兴趣，所以她们也容易被卷入烦恼的旋涡。聪明的女人能获得更多的幸福，有一点就是因为她们面对别人的隐私可以做到守口如瓶。

让流言蜚语止于智者

当下，职场就如战场，女人要想顺风顺水地生存，就要懂方圆之术。既不能得罪上司，也不能伤了与同事之间的和气，最好的方法就是不参和其间的是非，否则就会走入烦恼的死胡同。

在职场上，同事之间存在竞争的利害关系。追求工作成绩和报酬，希望赢得上司的好感，获得升迁，以及其他种种利害冲突，使得同事之间不可避免地存在着一种竞争关系，而这种竞争往往又不是一种单纯的真刀实枪的实力的较量，而是掺杂了个人感情、好恶、与上司的关系等等复杂因素。表面上大家同心同德，和和气气，内心里却可能各打各的算盘。

同事之间传播流言飞语，是带有很大危害性的，它能蒙蔽一些人，导致人们作出错误的判断和决定。

有位女孩叫洁，有一天，她受到上司王科长的热情邀请，一同前往公司附近的咖啡厅里喝咖啡。

他们坐在咖啡厅里，一边喝咖啡，一边天南海北地闲聊起来，不知不觉，话题开始扯到了洁的同事李小姐。

"啊，李小姐吗？她好漂亮啊！经常穿着时髦的衣服，真叫人羡慕。"

"那是当然啰，因为李小姐领的是高薪！"王科长突然道出原委。

原来，这家公司采取的是年薪制，每个职工的年薪是根据每个人的工作表现、与公司签订的合同而有所区别的。

这点洁自然也清楚，但她一直认为同事间的差别不应该太大，现在突然从王科长口里听说李小姐的工资很高，自然心里不太舒服。她问道："会差那么多吗？"

"是呀，比你的年薪多上两万元呢！"王科长说得更具体了。

第二天，洁便把这件事告诉了她的同事们，大家听了当然不服气，于是，就开始嘲笑起"高工资"的李小姐来，甚至不同她来往，将她孤立了起来。这样，李小姐不得已只好辞去了工作。

事实上，李小姐的年薪与洁相差不大，只是因为李小姐曾经向科长提过意见，以致科长怀恨在心，所以就想出了这么一个诡计，借洁的嘴孤立李小姐，最后将她逼走。

等到洁知道事情的真相后，已为时太晚，因为自己已被人家利用，当枪使了。不仅如此，洁还得了一个散布流言蜚语的坏女人的恶名。

在职场中，像上文中的洁那样被人当枪使的事情很多，在上班族漫长的岁月中，免不了会遇到出卖、敌意、中伤等等意想不到的事情，犹如设在你面前的一个个陷阱。如果事先预料这些事的发生，并一一克服，便能顺利躲过了。

遇上人事问题，你最好别掺和是非，态度保持中立。例如有别的主管犯了大错，公司的老板大为震惊，又开会又讨论的，而且老板还可能私下召见你，问你各方面的意见，就是其他部门主管，也有可能找你倾谈。这种情况，你都不能够一一回避，你还需好好地面对。

老板一定牢骚甚多，指责某人做事不力，某人又能力欠佳，目的只有一个，就是要看你和哪方面关系良好。你最好是不轻易表态，这样，既保护了自己，又没有伤害别人。

至于其他同事，找你无非是探口风或想见风使舵，这种人也是得罪不得，尽可能模棱两可，以防被出卖。要想不掉进陷阱，不被他人当枪使，上面说的中立态度确实很重要。若你因公事与某同事一起出差，对方突然问你："你跟拍档间似乎有很大的问题存在，你如何面对呢？"你一直觉得与拍档相处融洽，公事上大家都很合作，私人间也是客客气气的，何来问题呢？

冷静一点，世事难料，这当中可能发生了不少问题，有直接的，有间接的，总之不简单。就算你和拍档之间真有什么问题存在，表面上，你也必须表现得落落大方，微笑一下，反问对方："你看到了什么呢？"或者"你听到了什么呢？"

对方必然是支吾以对，你可以继续说下去："我们一直相处得好好的，我从不察觉到有什么问题，亦不会因公事发生不愉快事件！"这个说法，可收到很好的效果。

若对方是有心挑拨，或试图获取情报，你的一番话就没有半点线索可让他得到，间接地还拆穿了他。对方要是真的要透过某些蛛丝马迹，或小道消息，希望明白一下而已，你的表现，也就等于怪他过敏了。不过，很多事情并不如表面看起来那样简单，背后可能有不可告人的目的，真正聪明的女人都是办公室里的政治家，她们能绕过陷阱，不会遭人暗算。

不要让感性控制自己

在阐述男人与女人间的不同点时，人们常说的一句话是：女人是感性的，男人是理性的。这句话虽然有些绝对，但也不无道理。因为无论是在职场上，还是在情场中，大多数的女人在处理事情时似乎总是感性多于理性。

有时，就是因为女人本身的感性，所以她们获得了与男人不一样的灵感和收获；然而，当女人不合时宜地表现出过分的感性时，就变成了一种情绪化的动物，不仅会让周围的人无所适从，亦会对其自身造成不可避免的损失。

其实，红男绿女生存于现实中，压力可谓无处不在。即便没有压力，坏情绪也会不分时间、地点、人物、事件地忽然而来。所以，无论男女都会有发脾气、掉眼泪的时候，这本无可厚非。

但是，在大多数情况下，相对于男人而言，女人似乎更容易闹情绪，据说，情绪化为女性的第四性征；据说，"晴时多云偶阵雨"，就是专为形容女人的情绪化而发明的；据说，"女人一生气，商场就发笑"，因为有相当比例的女子有情绪消费倾向，一不高兴，就用疯狂购物来发泄。

据调查，有七成女性认为自己"是一个情绪化的人"。而在被问及"闹情绪是因何而起"时，有四分之一的人回答是由于"职场压力"

带来的。

台湾媒体做过的一项类似调查也显示，女人每天都会生气的对象是同事。在无形之中，职场似乎成了女人的情绪发泄地，而情绪化的女人在职场之中也往往被贴上了"不够成熟"的标签。

许多男人对于职业女性的看法是：她们不懂得控制自己的眼泪和脾气，总是过于直接地表达自己的情感。这使得一些男人感到不舒服，并因此而瞧不起女人，认为女人无法自我管理，控制不好自己的情绪，因而所作的决定是不值得信任的。

当然，这种看法有些片面和绝对，大部分女性并不会因为自己过于激烈的情绪反应而影响到自己的工作，她们往往会在发泄完情绪之后，以更加昂扬的姿态投入到工作当中。

但无论如何，女性过于强烈或者稍显频繁的脾气和哭泣的确会给周围的人带来很大的压力，更会因此被归结为心理承受力差和性格软弱，认为其经不起大风大浪的侵袭，难以担当重责大任，最终对其职业生涯造成极大的负面影响。

晓颜是一家大型企业的高级职员，她的能力和才华在公司里是有目共睹的，无论是工作能力，还是文字水平，均是堪称一流的人才，这一点连她的上司也是给予充分肯定的。

而在平时的待人接物中，晓颜热情大方、率真自然的性格，也颇受同事们的欢迎，深得上司的喜爱。但是，"成也萧何，败也萧何"。晓颜的率直和不加掩饰，在某些时候竟然也成了她事业发展中的致命伤！

最近一段时间，上司对一位无论是资历还是能力和业绩都不如晓颜的女同事特别关照，也没见她干出什么出色的业绩，整日不慌不忙的，却总是好事不断，什么提职、加薪等好机会都有她，一年之内竟然被"破格"提拔了三次，好事几乎都让她承包了。

眼看着处处不如自己的同事越升越高，晓颜心里很难受，她怎么也想不通，自己工作干了一大堆，上司安排的工作也都高标准地完成了，更创造了十分亮眼的业绩，为什么上司却好像视而不见，只是一个劲地让她好好工作，而好机会却总没留给她呢？

对于这样的工作状态，晓颜百思不得其解，真是又气又急又窝火，她气急败坏地跑到上司的办公室去质问原因，并义正词严地与上司理论起来。虽然上司那儿早已准备了一些冠冕堂皇的理由，但上司还是被晓颜搞得非常狼狈，脸色十分难看。

之后，上司对晓颜的态度有了明显的改变，虽然不至于给她穿小鞋，但以前的笑容已被严肃代替，讲话时也以命令的语气居多，晓颜的工作情绪因此一度受到影响，陷入低落状态。

这时，一个平常和晓颜关系不错的同事，见到晓颜这副沮丧的样子，便告诉了晓颜她的看法，她认为晓颜之所以会出现目前的状况，虽然原因是多方面的，但最主要的一条，就是晓颜犯了职场中的大忌，太情绪化了！

日常工作中，晓颜办事干净利落、雷厉风行，算得上迅速有效，但让人遗憾的是，她在碰到任何事情和问题时，总是很少多想为什么，只凭着感觉和情绪办事，只想尽快做好工作，用业绩说话。

长时间下来，直爽过了头，任何情绪都直接呈现在脸上的晓颜，也就在不知不觉中得罪了不少人，而她在为人处世上所欠缺的技巧，更是常常弄得她费力不讨好。

听了同事的劝告，晓颜有些恍然。

其实。晓颜也想让自己老练和成熟起来，然而，一碰到让人恼火的事情，她就是控制不住自己的情绪，尽管事后也觉得不值，但当时就是不能冷静下来。

久而久之，晓颜在公司里备受冷落，同事们也不敢轻易同她说话了，晓颜的事业陷入了彻底的困境之中。

类似晓颜这种情绪化的反应，可以说是职业女性最容易出现的一大弱点。据调查，有80%的人认为，性别已经不再是制约女性晋升和发展的瓶颈，而她们职业发展的最大障碍，则是性别给她们自身带来的种种性格上的弱点，情绪化无疑正是其中很重要的一点。

事实上，只要是人，就难免有情绪，特别是被称为"情感动物"的女人，在表达自己的感情时，往往比男性更为直接，这对她们的健康来说显然是比较好的。

但值得注意的是，如果你总是把你所习惯的发泄方式，发脾气或掉眼泪和工作搅在一起，那么，长期下来，不仅你的上司或老板会反感，恐怕你的同事也会瞧不起你的。

你必须清楚地知道，在一个以男性为中心的事业角逐场上，女人要建立个人的工作风格，既不能太男性化，如冷酷、倔强、果断、积极进取，也不应该太女性化，如柔弱、情绪化、被动、犹豫不决。

在很多人看来，琳琳是一个相当出色的职业女性，她聪明、漂亮、有上进心，做事力求完美。但是，和她真正接触过的朋友或和她一起工作过的同事们都十分清楚，她唯一的死穴就是爱哭！

从小，琳琳就有一个绰号"泪包"。升中学时，许多同学给她的毕业留言就是：林妹妹，请改掉动不动就哭的毛病。可惜，这么多年过去了，已经成为一个职业女性的琳琳还是没有什么变化，遇到什么事都习惯先哭了再说。

辛苦设计了一个月的方案，被老板一票否决，琳琳忍不住偷偷掉了泪，本以为没人知道，可花了的睫毛膏将她彻底出卖。结果，老板严厉地警告她：将个人情绪带进职场，是不够职业化的表现。

截稿时间还有两个小时，琳琳本以为一切都没问题了，但一篇重要稿件却被"头儿"否定了，还要补充采访，总不能开天窗吧？琳琳头一次碰到这种状况，立刻蒙了。

接下来，全办公室的人都被琳琳响亮的哭泣声惊呆了。琳琳"大雨滂沱"地足足哭了10分钟！这样的事情发生了多次以后，同事们在与琳琳接触时，都形成了相当的默契，有时还会互相"介绍经验"：

"她太敏感了，一点都说不得！""喔，她很情绪化，你最好别当面批评她。""哎呀，这个策划还是别让她做了，免得她做不来又要哭了！"诸如此类的话，连琳琳的老板都有所耳闻，渐渐地，老板派给琳琳的活越来越少，大有炒她鱿鱼的架势。

面对同事们显而易见的小心翼翼和老板不落痕迹地疏远架空，琳琳开始着急了。她知道，自己是一个爱哭的女人，遇到工作不顺的时候经常会大哭一场。可是，哭过之后，她也慢慢发现，这并不能解决任何问题，自己仍然要回到现实中面对眼前的种种难题。

经过长时间的思考，琳琳认识到，"咄咄逼人"是一种外强中干的表现，"梨花带雨"则是一种懦弱无能的表现，而真正的职业女性心智一定要坚强。女人的成熟实际上是一种克服本身感性因素泛滥的过程，这样才能达到"一切尽在掌握"的境界。

在这个思维模式的指导下，琳琳的行为模式有了很大的转变，她从开始的"遇到挫折就放弃行动"到后来的"怀疑自己但不放弃行动"，直至最后变得理性，根据客观实际"坚持自己应该坚持的，改正自己应该改正的"。

最终，琳琳成为一个为众人美慕、在职场上叱咤风云但不失温柔的女强人。

实际上，在事业上获得真正成功的女性，大都不会整天紧绷着一张脸，也不会焦躁地走来走去，更不会遇事只会以发脾气或掉眼泪来应付，因为这样一来，不但于事无补，还会给别人留下批评或嘲笑的把柄。

一位男性主管曾害怕地说："我很怕女同事哭，她们一哭，我就束手无策，好像我做错了什么事，但这也让我觉得，爱哭的女性好像不能担当重任。"也正因此，美国职场顾问罗琳在《女强人手册》一书中不断提醒女性，哭没有什么不妥，但如果想在职场上表现得宜，"一定要学习控制自己的眼泪"。

这也就说，如果你想大声哭，如果你想大发雷霆，那么，你当然有权利这么做。然而，假如你有心要成就一番事业，就千万不要被别人看穿了你的底牌，要学会控制你激动的情绪，不要乱发脾气，不要轻易掉眼泪，要勇敢地去面对失败和压力。

只有这样，你才能赢得同事和上司的认可，你才能令一切工作尽在掌握，你才能为自己赢得那片深邃湛蓝的事业天空！

现在，已有愈来愈多的职业女性开始懂得如何伪装自己的心情、掩饰自己的表情了。所以，不管你有多努力、多累或多生气，"保持笑脸、放轻松"都是你必须要学习的功课。

职场不相信眼泪，你可以有情绪，但发泄时一定要远离办公室，特别是要远离上司。

与懂自己的人携手前进

我们许多人期待身旁有个"懂我的人"，盼望着"知己"的出现。然而，有些女性在建立这种超越普通朋友关系的同时，却因遭遇到挫折而感到沮丧和愤怒，遭到背叛，甚至再也不相信有"值得信赖的朋友"存在。

其实找到知己并不难，关键就是能够相互理解。理解是一种高贵的语言，是心灵静默的一种升华。或许我们做不到"海纳百川，能容乃大"的宽宏，但是我们却可以用一颗坦诚、恳切的心去面对身边的人与事，多一分理解，就多一分温暖；多一分理解，就多一分感动；多一分理解，就多一分美好。亲爱的女性朋友，让我们来看一个小姑娘如何赢得母亲理解的小故事吧。

　　"冷战"大概持续了一个多星期，我妈硬是没跟我讲过一句话，这次战争的导火索是风靡一时的老话题：上网聊天。

　　那天，我背着妈妈偷偷上网，没想到被她发现了，妈妈生气地说："你看你，整天不是吃喝就是聊天，整个一硕鼠！你……哼！好自为之吧！"

　　从那句"好自为之"以后，我妈妈再没和我说过话。

　　这天晚上，我把自己关在房间里，仔细地想了想：我是不是太过分了……因为爸爸悄悄告诉我，妈妈常常半夜胃痛，身上直冒冷汗，还不时地叹息，为我流泪……我决定给我妈写封信，把一些口头上说不出的话用文字告诉她。

　　妈妈：

　　我是一个叛逆的孩子，永远长不大。请原谅我的狂妄、自大和伤人的语言，毕竟我还太年轻嘛！

　　……其实，我聊天只为放松，我相信，我有足够的意志使自己安心学习，不必担心。

　　希望早日停止内战，一个不懂事的孩子。

　　第二天，我正在猜测那封信的效果，不料，老妈板着一张脸走了过来，对我说："快吃饭，待会儿写篇文章。"

　　"什么？"我差点晕倒。

　　"写什么呢？就写写'我的网友吧'，写完后给我过目。"老妈脸上终于露出了微笑，她终于理解我了！

　　啊！理解万岁！

　　理解是风，吹散硝烟弥漫的纱幕；理解是雨，滴在受蒙蔽的心灵上，洗去尘埃。

　　理解就像一座桥梁，沟通彼此的心灵；理解就像一盏明灯，驱走我们心中的阴影；理解就像品茶，品出了苦尽甘来的香甜；理解就像一团火，将冰冷的心一点一点地融化。

　　我们每一个人都渴望得到理解，但也要学会理解别人。如果少了理解，我们就少了阳光，因为无论是亲情、友情都少不了理解的"催化"。

　　有位哲人曾说过：善于理解别人的人，发现世界上到处都是一扇扇门；不善于理解别人的人，发现世界上到处都是一堵堵墙。理解亲情，让我们学会感恩与回报。亲情是我们面世的第一份感情，深厚而浓郁，倾尽了父母的一生，也蕴含了手足的同心。

　　父母的辛苦操劳你理解了吗？曾经，你是否因为父母的一句严厉批评摔门而出？你是否注意父母双鬓那日渐增多的白发，额头上日益凸显的皱纹？

　　爱有各种各样的表达方式，或含蓄，或直接，或温柔，或激烈，别用你的不理解去大意地伤害，也别让你的偏执去无端地误解，请理解亲情的无私与博大，学会在点滴中去感动，继而感恩，只有我们拥有一颗感恩的心，我们才会用更深的爱去回报。

理解友情，让我们执着于感动与拥有。友情是我们人生里的一面帆，也是我们前进路上的一盏灯，是生活历程里长久的一种快乐，也是坦途坎坷中融合的一种温暖。

我们可能拥有很多朋友，但患难与共的又有几个呢？理解是维持友谊的基础，只有互相理解，才能共同前进，让友谊天长地久。当你的朋友因为一句无心的话而伤了你，你会翻脸不认人吗？当你与朋友因为一个误会而不和时，你会理解他吗？

理解笑容里的坦诚，理解问候里的关切，用宽容去包纳疏忽，用热情去化解矛盾，感动于平时生活里的一路相伴，领略互勉互助里的一生拥有。

理解生活，生活里有着或平凡或热烈或缤纷或单一的方式，只有领悟了生活的真谛，才会过得轻松。

平凡不是平庸，平凡只是淡化了困扰人的一些功名利禄的欲望；热烈不是普通，都热烈就无所谓普通，毕竟活得轰轰烈烈的人只是少数；学会用一颗平常心去对待凡尘事。

我们在人生之路上总会遇到一些坎坷和挫折，而这时候，我们最需要的就是别人的理解和帮助，但我们只想到自己需要理解，而没有更多地考虑别人也需要理解。

当你理解别人的时候，也会得到别人的理解；你只有去理解别人，才会得到别人更多的理解。当我们都能相互理解时，世界就会变得更加美好。我们只要设身处地为他人着想，从他人的角度看问题，就能理解许多自认为错误的举动，就能抚慰许多受伤的心……